乡村振兴战略之乡村人才振兴

规模化养猪与猪场经营管理

赵立平　赵柏玲　主编

Gui Mo Hua Yang Zhu Yu Zhu Chang Jing Ying Guan Li

中国农业科学技术出版社

图书在版编目（CIP）数据

规模化养猪与猪场经营管理／赵立平，赵柏玲主编 . —北京：中国农业科学技术出版社，2018. 11

ISBN 978-7-5116-3797-0

Ⅰ.①规…　Ⅱ.①赵…②赵…　Ⅲ.①养猪学②养猪场-经营管理　Ⅳ.①S828

中国版本图书馆 CIP 数据核字（2018）第 261730 号

责任编辑	张国锋
责任校对	贾海霞

出 版 者	中国农业科学技术出版社
	北京市中关村南大街 12 号　邮编：100081
电　　话	（010）82106636（编辑室）　（010）82109702（发行部）
	（010）82109709（读者服务部）
传　　真	（010）82106631
网　　址	http://www.CASTP.cn
经 销 者	各地新华书店
印 刷 者	北京建宏印刷有限公司
开　　本	850mm×1 168mm　1/32
印　　张	5.5
字　　数	154 千字
版　　次	2018 年 11 月第 1 版　2020 年 7 月第 3 次印刷
定　　价	26.00 元

编写人员名单

主　　编　　赵立平　　赵柏玲

副主编　　赵　霞　　石丽瑞　　樊孝军

　　　　　　姚文超　　郑计亭

编　　者　　罗士仙　　张福亮　　董盛年

　　　　　　张　鹏　　黄俊生　　杜国霞

　　　　　　贾毅辉　　倪玉平　　邹春丽

　　　　　　韩晓平　　李艳萍　　范曙光

前　　言

养猪业是我国农业中的重要产业。随着市场竞争加剧和人们对畜产品质量要求的提升，千家万户的分散饲养已经难以满足需求，养猪业朝着规模化、集约化、产业化的方向转变。这个转变使得养猪行业在人才上措手不及，具体表现在：现代化猪场建设人才不足、规模化养猪技术人才缺乏、规模化养猪管理人才严重不足等。因此，加快对现代养猪业人才的培养，成为当前重要而紧迫的工作。

在此背景下，我们组织了具有丰富经验的教师和专家编写了本书。主要内容包括规模化猪场选址与建设、猪的品种、猪的选种选配与杂交利用、猪场饲料配制与使用、猪的繁殖、猪的规模化饲养管理、猪病的检查和仔猪去势、猪常见病的诊断与防治、猪场经营管理等，希望能够帮助广大养猪专业户和畜牧技术人员系统掌握最新实用的现代养猪生产管理技术。本书贴近规模化养猪场生产实际，注重实用技术，语言通俗易懂，层次清晰合理，图文并茂，力求看得懂、用得上。

由于时间仓促，水平有限，书中可能存在不足之处，欢迎广大读者批评指正，以便及时修订！

目　　录

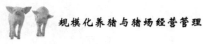

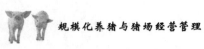

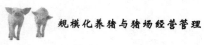

第一章

规模化猪场选址与建设

第一节　选择猪场地址

选择猪场场址，涉及地势、交通、面积、水电、排污等多个方面，需周密计划，事先观察，符合当地土地利用发展规划和村镇建设发展规划的需求。

一、地势条件

猪场的选址（图 1-1），首先要符合乡镇土地利用总体规划，禁止占用基本农田。此外应符合地势高燥的要求，场地的高度至少要在历史洪水的水平线以上，地下水位在 2 米以下，地势要求平坦但具有一定的缓坡，但是坡度不宜太大，不应超过 20°，以便于排水排污。可避免地面潮湿，利于猪体的热调节及肢蹄的发育，可避免病原微生物和寄生虫的侵袭。养猪场要求背风向阳，通风良好，这样可通过自然通风保持圈舍的温度及相对湿度，防止舍内有害气体大量的积滞。

二、交通防疫

因为饲料、猪产品和物资运输量很大，所以在选择猪场时要考虑到交通方便。同时又要考虑猪场本身的防疫，与交通干线又要保持适

图1-1 猪场场址

当的卫生间距。一般来说,猪场距铁路、国家一二级公路应大于1千米,距三级公路应大于300~500米,距四级公路大于150~300米。此外,在建设养猪场之前,应到畜牧兽医行政管理部门申办《动物防疫条件合格证》,达不到要求是不允许建场和养殖的。

三、面积需求

猪场总建筑面积按每出栏一头商品育肥猪0.8~1.0米² 计算。辅助建筑总面积按每出栏1头猪需0.12~0.15米² 计算。场区占地总面积按每出栏一头商品育肥猪2.5~4.0米² 计算。其他区域则要根据实际的规模大小来确定,在计算占地面积时要将生产区、管理区、生活区等都考虑进去。生产规模大于3万头时,宜分场建设,以免给疫病防治、环境控制和粪污等废弃物处理带来不便。

四、水电资源

水源是选场址的先决条件。一方面,水源要充足(万头猪场日用水量150~250吨),包括人畜用水;另一方面,水质要符合饮用水标准。此外，应选择距电源较近的地方，既可以节省输变电开支，供电又稳定。

五、排污环境

猪场排污一直以来都是较难解决的问题，尤其是规模化猪场，日产粪污量大，并且污水的日产量也因清粪方式的不同而不同，所以在建场时要确定好污水处理场的位置，一般污水处理区应该设计在猪场地形以及风向的下游，这样便于排污，并且可以保证猪场生产区和生活区的空气质量。在选址时，猪场的周围最好有较大面积的农田、果园等，这样可以将粪水处理后当作肥料使用，不但可以利于粪水的处理，还可促进当地农业发展。

由于猪场属于易造成环境污染和影响的项目，在建设养猪场之前，要到农业局畜牧部门和当地镇政府农委进行养殖备案；并且需要到当地环保部门办理申请养猪场环评。具体规定为：50 头以上在环保局办理的手续不尽相同，50 头<实际养殖规<500 头，在环保局办理的手续是环评登记；500 头<实际养殖规模< 5 000 头，在环保局办理的手续是环评备案；大于 5 000 头规模在环保局办理的手续是环评报告。同时养猪场必须建标准的化粪池、消毒池、围墙等环保设施。

第二节　猪场规划与布局

规模化养猪场的生产管理特点是"全进全出"一环扣一环的流水式作业，在总体布局上至少应包括生活区、管理区、生产区、粪便尸体处理区。按照夏季主导风向，生活区在主风向最上方，依次为生活区、管理区、生产区和粪便尸体处理区及隔离区（图 1-2）。生活区和生产区分开，这也体现出"以人为本"的设计理念。

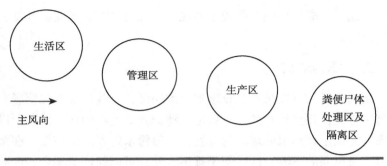

图1-2　猪场布局

一、生活区

　　主要包括职工宿舍、食堂、文化娱乐室等。一般应设在生产区的上风向，或偏风方向且地势较高的地方，注意其位置应便于与外界联系。此外猪场周围应建围墙或设防疫沟，以防兽害和避免闲杂人员进入场区。

二、管理区

　　主要包括工作人员的生活设施、猪场办公设施及与外界接触密切的生产辅助设施，如饲料加工调配车间、饲料储存库、水电供应设施、车库、杂物库、消毒、更衣消毒与洗澡间等。该区与日常饲养工作关系密切，与生产区距离不宜远。场内运输车辆要专车专用，不能驶出场外作业。场外车辆严禁驶入生产区，如遇特殊情况，车辆必须经彻底消毒后才准驶入生产区。成品饲料库应靠近进场道路，场外饲料一律由卸料窗入饲料库。进入生产区人员一律经消毒、洗澡、更衣后方可进入。

三、生产区

　　主要包括种公猪舍、母猪舍、产房、保育舍、生长舍、育成舍、测定舍及有关生产辅助设施，这是猪场中的主要建筑区，一般建筑面积占全场总建筑面积的70%~80%。种猪舍要求与其他猪舍隔开，形成种猪区。种猪区应设在猪场的上风向，种公猪舍设在种猪区的上风向，分娩舍要靠近妊娠舍和接近培育猪舍，育肥猪舍要设在下风向，而且离出猪台较近。在生产区的入口处，应设立专门的消毒间或消毒池和人员更衣淋浴消毒室，以便对进入生产区的人员和车辆进行严格的消毒。严禁外来车辆进入生产区，也禁止生产区车辆外出。饲料库房应设在生产区与管理区的连接处，场外饲料车不允许进入生产区。种（肥）猪装猪台设置在生产区靠近围墙处，出售的种（肥）猪只允许经装猪台装车外运，避免外来车辆进场。生产区要分设繁殖区、保育区、生长育肥区等，生长育肥区宜靠近生产管理区，育肥舍和育成待售舍宜置于最外面。

四、隔离区及尸体粪便处理区

包括兽医室、隔离猪舍、尸体焚烧处理和粪便污水处理设施。该区设在整个猪场的下风或偏风方向、地势低处，以避免疫病传播和环境污染。

第三节 猪舍建筑

一、猪舍建筑布局和设计

1. 猪舍建筑布局

猪舍建筑布局，应首先根据生产管理工艺确定各类猪栏数量，然后计算各类猪舍栋数，最后完成各类猪舍的布局安排。猪舍建筑通常采用轻钢结构或砖混结构。猪舍朝向以南向或南偏15°以内为宜。每相邻两栋猪舍纵墙间距7~10米。每相邻二猪舍端墙间距不少于10米。猪舍距围墙不低于10米。建筑形式采用半开敞式或有窗式（单层或多层）猪舍，屋顶形式应采用双坡式屋顶。猪舍净高度不低于2.8米，跨度7~10米（图1-3）。猪舍从南至北按配种-怀孕-分娩-保育-生长-育成依次排列，污水流向最好也符合该顺序。猪舍两端和中间应设置横向通道。猪舍内地面水泥硬化，地面向粪尿沟处作1%~3%的倾斜。

图1-3　猪舍建筑

2. 猪舍的设计

猪舍的设计应符合猪的生物学特性或生理特点，要根据猪的不同性别和生理阶段设计和建造出最经济合理的猪舍。猪舍依靠外围护机构不同程度地与外界隔绝，形成舍内以温度、湿度、光照等为主要指标的小气候。当猪舍内温度、湿度适宜时，猪体产热量少，散热量也最好，最容易维持正常体温。

根据公猪体格较高大、怕热不怕冷、破坏力强、爱好运动等特点，在北方寒泛地区须采用封闭式，大窗通风。在1月平均气温高于5℃的地方，公猪舍多采用半开放式或开放式，通常净高较大，跨度较小，以利于防暑降温。另外，公猪舍围栏设施及圈门宜坚固，且栏高应达到1.3~1.4米，栏门宽0.8米左右，排水坡度在5%左右，地面坚实平整。通常应配备运动场，运动场周围种植树木，去掉树干下部枝叶，仅留树冠，起到遮阴防暑而又不影响通风的理想效果。

配种母猪相对怕热不怕冷（5℃以上），应有适当的运动空间为好，建筑类型与公猪舍相类似，通常这两类猪舍合二为一，栏门宽0.8米左右，栏高0.8~1.0米，其他生产母猪同此尺度。妊娠母猪对冷、热应激较为敏感，尤其怕高温，除寒冷地区适当保温外，主要也是注意通风防暑。故此，寒冷地区则采用大窗通风的封闭式，温暖地区宜采用半开放式为好。另外，为防止母猪打斗或碰撞引起意外流产，通常将猪栏设计为群养和限位相结合或完全限位，栏内地面采用部分漏缝，排水坡度在3°左右为宜。

产仔舍设计着重解决仔猪适宜环境问题，必须采用封闭式，因为仔猪对环境需要的重点是保温，且仔猪需要相对较高的温度，不管有窗或无窗类型，都要作好地面、屋顶、墙壁等部位的保温设计，加设隔气层，达到理想的绝热指标。寒冷地方舍门应有门斗，采用保温窗户，并设计专门的通风管道，以免冬季通风时降低舍内温度。同时采用较大的跨度，降低净高，减少使用时舍内热量损失。另外，针对仔猪抗病力不强的特点，产仔舍内猪栏通常采用半漏缝或漏缝地面，以确保圈栏内相对清洁干燥。采取仔猪局部采暖的方法可解决母猪和仔猪温度需要的矛盾，因此产仔栏设计应考虑相关采暖设备安装得方便。

保育仔猪初期对温度的要求比较高，尤其是实行早期断乳的保育仔猪，初期需要的环境温度在20~25℃，我国北方广大地区冬季气温都无法满足此种要求。故此，保育舍仍以保温设计为重点，地面、墙壁、屋顶要达到一定的绝热性能，加设隔气层。寒冷地方舍门应有门斗，采用保温窗户，并设计专门的通风管道，以免冬季通风降低舍内温度。猪栏最好设计为全漏缝地板，躺卧区使用保温猪床。采用较大的跨度，降低净高，使用天花板，减少使用时舍内热量损失。

生长育肥猪对环境的适应能力已经比较强，但适宜的温度在15~20℃，要提高饲料报酬，必须同时重视防暑和保温。北方主要采用封闭式，建筑结构可以简单，环境主要通过管理控制。猪栏通常采用实体地面,排水坡度在5°~6°。而南方地区通常采用半开放式或开放式比较适宜,但冬季应适当封闭,夏季炎热时屋顶隔热效果差的应采取降温措施。

二、猪舍内的猪栏

猪栏沿猪舍长轴方向呈单列或多列布置(图1-4)。

图1-4 猪栏排列

图1-5 生长育肥猪栏

1. 生长育肥猪栏

生长育肥猪栏(图1-5)规格为4.0米×3.0米×0.8米,地面坡度2°~5°,装有饮水器(高0.5米)和料槽,每栏10~12头,每头占地1米²。

2. 怀孕母猪栏

怀孕母猪采用限位栏(图1-6)定位饲养,起到限制饲喂、控制营养和打斗的作用。每栏规格为2.2米×0.65米×1.0米,栏后0.3米为漏缝地板。栏位数占母猪总数的50%以上,后备和空怀母猪多采用群养母猪栏饲养。

3. 保育猪栏

保育猪采用高床保育栏(图1-7)饲养,设置高床、全漏缝地板。每间保育舍一般设4个保育栏,栏的尺寸一般为2.0米×2.0米×0.7米,每栏饲养16~18头仔猪。漏缝地板上装有饮水器(高0.25

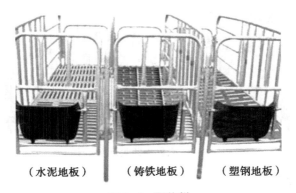

（水泥地板） （铸铁地板） （塑钢地板）

图1-6 限位栏

米）和自动料槽。仔猪断奶后就进入保育舍，保育期一般为5~6周。保育舍要做到既保温又通风。

图1-7 保育栏

4. 分娩栏

哺乳母猪高床分娩栏（图1-8）饲养，设置高床、全漏缝地板。产床数占母猪总数的25%，每间产房一般设12~16个产床。全漏缝地板，上装有母猪限位架（2.2米×0.6米×1.0米）、仔猪围栏（位于限位架的两边2.2米×0.45米×0.6米）、仔猪保温箱（0.6米×1.0米×1.0米）、饮水器（母猪高0.6米、仔猪0.12米）、母猪料槽及仔猪补饲槽。

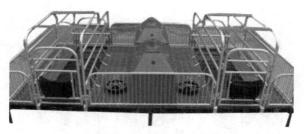

图1-8　哺乳母猪高床分娩栏

5. 公猪栏

公猪舍一般为半开放式，内设走道，外有小运动场。公猪猪栏规格为3.0米×4.0米×1.4米，每栏养1头（图1-9）。公猪舍内建待配母猪栏，待配母猪栏与公猪栏隔栏相望，促进公母配种激情。公猪运动可在猪场内设专用公猪运动走道供公猪运动（图1-10）。

图1-9　公猪栏

图1-10　公猪运动走道

三、猪场其他设备

随着科技进步和行业的发展，以前畜牧业主要是小而散的养殖方式，近年来逐渐兴起的规模化养殖方式越来越受市场青睐。然而作为一间规模猪场首先要考虑的就是怎么去管理。要更好更容易去管理好猪场的运作，现代化设备是必不可少的帮手。

1. 饲喂设备

养猪生产中，饲料成本占50%~70%，喂料工作量占30%~40%，因此，饲喂设备对提高饲料利用率、减轻劳动强度、提高猪场经济效益有很大影响。

规模化养猪场主要采用自动饲喂设备喂养。通常，自动喂饲设备由贮料塔、饲料输送机、输送管道、自动给料设备、计量设备、食槽等组成。利用饲料输送机，将饲料从贮料塔自动输送到液态饲喂系统设备中。通过各个饲料和水通过一定的比例充分搅拌，由液态饲喂系统定时定量运送到每个终端下料口（图1-11，图1-12）。

图1-11 贮料塔   图1-12 智能液态料槽

2. 饮水设备

规模化养猪场供水大部分采用压力供水，主要包括供水管道、过滤器、减压阀、自动饮水器。水从水源处获取后，贮存在养殖场的水塔中，经过过滤、除菌后通过饮水管道连接猪舍饮水器。水塔还有另一好处，猪场若要预防某种疾病，可直接在水塔中添加相应药物即可，省时省力。猪用自动饮水器的种类很多，主要有鸭嘴式、碗式、乳头式、吸吮式和杯式等，每一种又有多种结构形式。

鸭嘴式猪自动饮水器和碗式饮水器为规模化猪场中使用最多的饮水设备（图1-13，图1-14）。

图 1-13　鸭嘴式饮水器

图 1-14　碗式饮水器

3. 猪舍环境调控

猪舍环境控制主要是指猪舍采暖、降温、通风及空气质量的控制，需要通过配置相应的环境调控设备来满足各种环境要求（图 1-

15）。如小猪，特别是刚出生的小猪必须做好保温工作，而大猪（公猪、母猪、育肥猪）在炎热季节则需要做降温处理。

图1-15 通风设备

规模化猪场供暖主要采用集中供暖（多采用热水供暖系统）和局部供暖（仅用于仔猪，方式为保温箱）两种方式。

我国大部分地区夏季炎热，需要对猪舍采取一些行之有效的防暑降温措施。除通过进行合理的猪舍设计，利用遮阳、绿化等削弱太阳辐射，在一定程度上可减轻高温的危害外，采取通风降温、湿垫风机蒸发降温、喷雾降温等措施，也可获得理想的降温效果。针对猪的定位饲养工艺，采用滴水降温也是一种经济有效的降温方式。此外，在猪舍躺卧区地板下，铺设一些管道，让冷风或冷水或其他冷源通过，使局部地板温度降低，也可达到降温的目的。

4. 清粪设备

养猪场粪污处理有三种方式，即干清粪、水冲清粪、水泡粪三种方式。水冲式清粪由于存在大量水资源浪费而使用场户不多，且我国北方冬季结冰猪行走有滑倒情况。水泡粪与沼气工程或生物发酵配套使用是欧洲现代化养猪场常用的操作模式。

据了解全国生猪粪尿排泄量约7.5亿吨，粪污处理成为企业最头

规模化养猪与猪场经营管理

疼的问题！人工干清粪法存在用工多、加大工人劳动强度的不足，因此越来越多的规模猪场采用刮板清粪机。常用的刮板清粪机有链式刮板清粪机、往复刮粪板清粪机等。

（1）链式刮板清粪机。链式刮板清粪机由链刮板、驱动装置、导向轮和张紧装置等部分组成。此方式不适用于高床饲养的分娩舍和培育舍内清粪。

链式刮板机的主要缺陷是由于倾斜升运器通常在舍外，在北方冬天易冻结。因此在北方地区冬天不可使用倾斜升运器，而应由人工将粪便装车运至集粪场。

（2）往复式刮板清粪机。往复式刮板清粪机由带刮粪板的滑架（两侧面和底面都装有滚轮的小滑车）、传动装置、张紧机构和钢丝绳等构成。

5. 其他设备

猪场还有一些配套设备：背膘测定仪、怀孕探测仪、活动电子秤、模型猪、耳号钳及电子识别耳牌、断尾钳，仔猪转运车，以及用于猪舍消毒的火焰消毒器、兽医工具等。

四、猪场各类猪存栏数计算

1. 设定工艺参数

母猪胎产仔数10头、哺乳4~5周、断奶后10天配上种，仔猪保育4~6周、肉猪育肥14周出栏。哺乳成活率90%，保育成活率98%，育肥成活率98%、分娩率95%、情期受胎率80%（参考表1-1）。

表1-1　猪场工艺参数

项目	参数	项目	参数
妊娠期	114 天	每头母猪年产活仔数	
哺乳	28~35 天	初生时	19.8 头
保育	28~35 天	35 天	17.8 头
断奶至受胎	7~14 天	70 天	16.9 头

（续表）

项目	参数	项目	参数
繁殖周期	159~163 天	160~170 天	16.5 头
年产胎次	2.24 胎	平均日增重	
窝产仔数	10 头	初生时	194 克
窝产活仔数	9 头	35~70 天	486 克
母猪情期受胎率	85%	71~170 天	722 克
公母比	1∶25	出生至目标体重	
成活率		初生重	1.2~1.4 千克
哺乳仔猪	90%	35 天	8~8.5 千克
保育仔猪	95%	70 天	15~20 千克
生长肥育猪	98%	160~170 天	25~100 千克

2. 计算年产总窝数（以计划年出栏 2000 头肉猪为例）

年产总窝数＝计划年出栏头数/窝产仔数×从出生到出栏成活率＝
2 000÷（10×0.9×0.95×0.98）＝238（窝）

3. 计算每周转群头数（以 7 天为一个节拍，即每周转群头数）

① 产仔窝数＝238÷52＝4.6 头，一年 52 周，即每周分娩泌乳母猪数为 4.6 头；

② 妊娠母猪数＝4.6÷0.95＝4.8 头，分娩率 95%；

③ 配种母猪数＝4.8÷0.80＝6 头，情期受胎率 80%；

④ 哺乳仔猪数＝4.6×10×0.9＝41 头，成活率 90%；

⑤ 保育仔猪数＝41×0.95＝39 头，成活率 95%；

⑥ 生长肥育猪＝39×0.98＝38 头，成活率 98%。

4. 计算各类猪群存栏数

各猪群存栏数＝每周转群头数×饲养周数

① 泌乳母猪数＝4.6 头×5＝23 头

② 妊娠母猪数＝4.8 头×13＝62 头

③ 配种母猪数＝6 头×5＝30 头

④ 哺乳仔猪数＝41×4＝164 头

⑤ 保育仔猪数 = 39×6 = 234 头

⑥ 生长肥育猪数 = 38×14 = 532 头

⑦ 公猪数：（23+62+30）÷25 = 5 头，公母比例 1:25；

⑧ 后备公猪数：5÷3 = 2 头。若半年一更新，实际养 1 头即可；

⑨ 后备母猪数：（23+62+30）÷3÷52÷0.5 = 2 头/周。每年更新 1/3，选种率 50%。

5. 不同规模猪场猪群结构表（参考表 1-2）

表 1-2 不同规模猪场猪群结构

猪群种类	生产母猪（头）					
	100	200	300	400	500	600
空怀配种母猪	25	50	75	100	125	150
妊娠母猪	51	102	156	204	252	312
哺乳母猪	24	48	72	96	126	144
后备母猪	10	20	26	39	46	52
公猪（含后备）	5	10	15	20	25	30
哺乳仔猪	200	400	600	800	1 000	1 200
保育仔猪	216	438	654	876	1 092	1 308
生长肥育猪	495	990	1 500	2 010	2 505	3 015
总存栏	1 026	2 058	3 090	4 145	5 354	6 211
全年上市	1 612	3 432	5 148	6 916	8 632	10 348

第二章

猪的品种

第一节 地方猪种

我国地方猪种可分为华北、华南、华中、江海、西南、高原六大类型，每一个类型又有许多独特的猪种代表。

一、金华猪

金华猪（图2-1）是中国猪的地方品种，又称两头乌。产于浙江东阳、义乌、金华等地。体型中等，耳下垂，颈短粗，背微凹，臀倾斜、蹄质坚实。全身被毛中间白，头颈、臀尾黑。以早熟易肥、皮薄骨细、肉质优良、适于腌制火腿著称。7~8月龄、体重70~75千克时为屠宰适期，胴体瘦肉率40%~45%。以金华猪为母本与外来品种猪杂交所得杂种猪，瘦肉率明显提高。

金华猪的形成与当地自然条件、饲料种类和社会经济因素有密切关系。据金华县古方出土的西晋（公元265—316年）陶猪和陶猪圈考证，早在1 600年前这一带的养猪业已相当发达。相传在古代就有"家乡肉"的腌制品，尔后演变成火腿。随着火腿远销，金华猪也随之扬名。

金华猪肉脂品质好，肌肉颜色鲜红，系水力强，细嫩多汁，富含肌肉脂肪。皮薄骨细，头小肢细，胴体中皮骨比例低，可食部分多。

图 2-1　金华猪

繁殖力高，平均每胎产仔可达 14 头以上，繁殖年限长，优良母猪高产性能可持续 8~9 年，终生产仔 20 胎左右，乳头数多，泌乳力强，母性好，仔猪哺育率高。性成熟早，小母猪在 70~80 日龄开始发情，105 日龄左右达性成熟。公、母猪一般 5 月龄左右即可配种生产。适应性好，耐寒耐热能力强，耐粗饲，能适应我国大部分地区的气候环境，多次出口到日本、法国、加拿大、泰国等国家。

二、太湖猪

太湖猪（图 2-2）是世界上产仔数最多的猪种，享有"国宝"之誉，苏州地区是太湖猪的重点产区。太湖猪属于江海型猪种，产于江浙地区太湖流域，是我国猪种繁殖力强、产仔数多的著名地方品种。太湖猪体型中等，被毛稀疏，黑或青灰色，四肢、鼻均为白色，腹部紫红，头大额宽，额部和后躯皱褶深密，耳大下垂，形如烤烟叶。四肢粗壮、腹大下垂、臀部稍高、乳头 8~9 对，最多 12.5 对。依产地不同分为二花脸、梅山、枫泾、嘉兴黑和横泾等类型。

太湖猪特性之一是繁殖性能高。太湖猪高产性能蜚声世界，是我国乃至全世界猪种中繁殖力最强、产仔数量最多的优良品种之一，尤

图 2-2 太湖猪

以二花脸、梅山猪最高。初产平均 12 头，经产母猪平均 16 头以上，三胎以上每胎可产 20 头，优秀母猪窝产仔数达 26 头，最高纪录产过 42 头。太湖猪性成熟早，公猪 4~5 月龄精子的品质即达成年猪水平。母猪两月龄即出现发情。据报道，75 日龄母猪即可受胎产下正常仔猪。太湖猪护仔性强，泌乳力高，起卧谨慎，能减少仔猪被压。仔猪哺育率及育成率较高。仔猪 45 日龄断奶窝重在 100 千克左右，2 月龄断奶重 9 千克左右。6 月龄体重为 65~70 千克。适宜屠宰体重为 75 千克左右，屠宰率为 67%。成年公猪体重 140 千克，母猪 110 千克左右。

特性之二是杂交优势强。太湖猪遗传性能较稳定，与瘦肉型猪种结合杂交优势强，最宜作杂交母体。目前太湖猪常用作长太母本（长白公猪与太湖母猪杂交的第一代母猪）开展三元杂交。实践证明，在杂交过程中，杜长太或约长太等三元杂交组合类型保持了亲本产仔数多、瘦肉率高、生长速度快等特点。由于太湖猪具有高繁殖力，世界许多国家都引入太湖猪与其本国猪种进行杂交，以提高其本国猪种的繁殖力。

特性之三是肉质鲜美独特。太湖猪早熟易肥，胴体瘦肉率 38.8%~45%，肌肉 pH 值为 6.55，肉色评分接近 3 分。肌蛋白含量 23% 左右，氨基酸含量中天门冬氨酸、谷氨酸、丝氨酸、蛋氨酸及苏氨酸比其他品种高，肌间脂肪含量为 1.37% 左右，肌肉大理石纹评分 3 分。

三、内江猪

内江猪（图 2-3）原产于四川省内江县，属西南型猪种。全身被毛黑色，体形较大，体躯宽而深，前躯尤为发达。头短宽多皱褶，耳大下垂，颈中等长，胸宽而深，背腰宽广，腹大下垂，臀宽而平，四肢坚实。

图 2-3　内江猪

内江猪可分为早熟种饲养 12 个月体重可达 125 千克，中熟种饲养 12 个月体重可达 150~180 千克，晚熟种饲养 2 年体重可长到 250 千克。母猪繁殖力较强，每胎产仔 10~20 头。初生重 0.78 千克。

内江猪对外界刺激反应迟钝，忍受力强，对逆境有良好的适应性。据各地引种观察，在我国炎热的南方或寒冷的北方，在沿海或海拔 4 千米以上的高原都能正常繁殖和生长。

内江猪有适应性强和杂交配合力好等特点，是我国华北、东北、西北和西南等地区开展猪杂种优势利用的良好亲本之一，但存在屠宰率较低，皮较厚等缺点。

四、香猪

香猪（图2-4）主要产于贵州省从江的宰更、加鸠两区，三都县都江区的巫不、广西壮族自治区环江县的东兴等地，主要分布于黔、桂交界的榕江、荔波、融水等县。

图2-4　香猪

香猪的形成已有数百年的历史。原产地有饲养猪的习惯，由于产地山高地陡，交通不便，没有饲养大型猪的条件；亲朋之间多用仔猪作为礼品相互赠送，加之当地民族有宰食仔猪的习惯，使之越来越向小型化方向发展，最终形成了香猪品种。

香猪体躯矮小。头较直，耳小而薄、略向两侧平伸或稍向下垂。背腰宽而微凹，腹大丰圆而触地，后躯较丰满，四肢细短，后肢多为卧系。皮薄肉细。被毛多为全身黑色，也有白色，"六白"，不完全"六白"或两头乌的颜色。乳头5~6对。香猪的体型小，经济早熟，胴体瘦肉率较高，肉嫩味鲜，可以早期宰食，也可加工利用。

第二节 培育猪种

我国新培育的猪品种有几十个，按这些猪的外形和毛色可以划分为大白型、中黑型和花型猪三大类型。其中代表性的品种如下。

一、三江白猪

三江白猪（图 2-5）主要产于黑龙江省东部合江地区境内的国营农牧场及其附近的县、社养猪场。产区北靠黑龙江，东依乌苏里江，松花江流经中部，为著名的三江平原地区。地势平坦，土壤肥沃，盛产麦类、大豆、玉米等作物。饲料资源十分丰富，尤其是豆饼类饲料为发展肉用型猪提供了充足的蛋白质饲料。但是，气候严寒，冬季持续期长（无霜期约 125 日），温差较大，最高气温 35℃，最低气温为 -41℃，年平均气温约 2℃。这就要求所饲养的猪必须具有对寒冷的适应性。

图 2-5 三江白猪

三江白猪是由长白猪和民猪做亲本，经过正、反交得到杂种一代后，再与长白猪回交得到杂交二代；杂交二代再经过选择、横交固定、扩群，最终得到三江白猪。

三江白猪头轻嘴直，耳下垂。背腰宽平，腿臀丰满。四肢粗壮，蹄质坚实。被毛全白，毛丛稍密。乳头 7 对，排列整齐。具有肉用型猪的体躯结构。

三江白猪仔猪 50 日龄断乳体重 13.94 千克，4 月龄 46.90 千克。6 月龄体重 84.22 千克，体长 119.68 厘米，腿臀围 85.72 厘米。三江白猪是我国首次培育成的肉用型新品种。在农场生产条件下饲养，表现出生长迅速、饲料消耗少、胴体瘦肉多、肉质良好和适于北方寒冷地区饲养的优点。但群体尚不够大，在类型上尚欠一致，颈下与腹下肉比例稍大。

二、冀合白猪

冀合白猪是"河北省瘦肉猪配套系"研究项目经过 8 年的时间完成的研究成果，已推广到保定市、天津市、唐山市、石家庄市、丰南市以及山西、山东、河南、内蒙古自治区和黑龙江等省区。

冀合白猪包括 2 个专门化母系和 1 个专门化父系。母系 A 由大白猪、定县猪、深县猪三个品系杂交而成，母系 B 由长白猪、汉沽黑猪和太湖猪、二花脸三个品系杂交合成。父系 C 则是由 4 个来源的美系汉普夏猪经继代单系选育而成。冀合白猪采取三系配套、两级杂交方式进行商品肉猪生产。选用 A 系与 B 系交配产生父母代 AB，AB 母猪再与 C 系公猪交配产生商品代 CAB 并全部育肥。

商品猪全部为白色。其特点是母猪产仔多，商品猪一致性强、瘦肉率高、生长速度快。A、B 两个母系产仔数分别为 12.12 头，13.02 头，日增重分别为 0.771 千克和 0.702 千克，瘦肉率分别为 58.26% 和 60.04%。父系 C 的日增重 0.819 千克，料肉比 2.88∶1，瘦肉率 65.34%。父母代 AB 与父系 C 杂交，产仔数达 13.52 头，商品猪 CAB 154 日龄达 90 千克，日增重 0.816 千克，瘦肉率 60.34%，具有较好的推广前景。

三、北京黑猪

北京黑猪（图2-6）是在北京本地黑猪引入巴克夏、中约克夏、苏联大白猪、高加索猪进行杂交后选育而成。主要分布在北京市朝阳区、海淀区、昌平区、顺义区、通州等京郊各区县，并推广于河北、河南、山西等省。

图2-6 北京黑猪

育种群的血统来源有三个分支，其一有中国猪种（优良种质基因）：主要是北京当地的华北型本地猪。耐粗饲、抗应激、性早熟、产仔多、母性强、肉质风味浓郁。其二有国产培育猪种（遗传基础广泛）：是中国本地猪与西方品种杂交后形成的猪种如定县猪。其三有欧洲猪种（体大快长基因）：如巴克夏猪、约克夏、苏联大白猪、高加索猪。

北京黑猪中期生长迅速，从保育期后期至90千克上市日增重达700克水平，并能大量沉积蛋白质形成瘦肉；胴体细致，骨量较小，膘厚适度，瘦肉率可达57%~58%；脂肪洁白，瘦肉鲜红，纹理细致，肉面干爽，大理石纹均匀而丰富，系水力良好，无PSE和DFD。尤其值得关注的是其肌内脂肪在3%以上（90千克体重），肉的风味浓郁芳香。北京黑猪既能适应农家散养又能适应国营农场规模饲养，具有中外猪种的综合优势。

四、上海白猪

上海白猪产于上海市近郊的上海县和宝山区，几十年来已向浙江、福建、湖南、江西、新疆等地输出种猪。上海白猪是由上海市郊的地方猪种与约克夏猪、长白猪、苏白猪等品种经杂交培育而成的。

上海白猪体质结实，身躯较长，背腰宽平，头长短适中，耳中等大、略向前倾，四肢健壮。皮毛白色，乳头 7~8 对，母猪乳房发育良好。上海白猪瘦肉率高，生长较快，产仔较多，适于在大、中城市近郊饲养。

第三节　引入猪种

我国从国外引入了具有高生长速度、高瘦肉含量和高饲料利用效率的优良猪种，对加速我国猪种的改良和提高养猪生产效率起到了重要作用。

一、大白猪

大白猪（图 2-7）又称为大约克夏，原产于英国。由于大白猪体型大、繁殖能力强、饲料转化率和屠宰率高以及适应性强，世界各养猪业发达的国家均有饲养，是世界上最著名、分布最广的主导瘦肉型猪种。

近年从国外（主要是从加拿大，也包括其他国家）引进的大白猪中，有的种猪背肌及后躯肌肉非常发达，受到偏爱，国内有双肌臀大白猪的称呼。

由于配套系育种技术的运用，大白猪又分化为父系及母系两个类型，前者突出健美的外貌和产肉性能，后者突出母系特征，窝均总产

图 2-7　大白猪

仔数偏高，但这两种类型也可互相转变，通过系统的选育就可以达到目的。

大白猪全身被毛白色，但额角部偶见小暗斑（并非在小、中猪阶段就出现暗斑），耳大小适中直立，嘴平直，面部平或稍凹，头中等大小，下颌偶见下垂，胸宽，背腰平直，腹部发育良好但不下垂，腿臀部肌肉发达，四肢粗壮结实，整体显示"长方"体型。

大白猪的生产性能优秀：窝均产仔猪数通常都可以在 10 头以上，100 千克体重时背膘通常不超过 20 毫米，大白猪生长速度快，通常可以在生后 150~155 天达到 100 千克出栏体重，胴体瘦肉率通常都可以达到 65%。料肉比约 2.8∶1。

不仅纯种大白猪生产性能优秀，当用来与其他几乎任何猪种杂交时，无论是作为父本还是母本（如大长、长大），都有良好的性能表现，还可以用来作为引进猪种三元杂交的终端父本，也可以用来与地方猪杂交。纯种大白猪与纯种黑毛色地方猪杂交，由于一代杂交后代的毛色是白色而受到欢迎，在引进猪种中，大白猪被称为"万能猪种"。

二、长白猪

长白猪（图 2-8）原名兰德瑞斯，原产于丹麦。这是世界上分布最广、影响力最大的著名瘦肉型猪种，我国 1964 年首次引进，以后又相继从英国、日本、瑞典、荷兰、丹麦、加拿大、法国引进多批，特别是近几年从法国、丹麦引进的新法系和新丹系与原来的品系在外观体型和经济性状方面有较大差异。由于历史的原因，在20世纪60年代，我国从北欧国家瑞典引进了长白猪，之后又陆续从荷兰、法国、美国等国引进长白猪，自那时起，养猪界就将来自不同国家的引进猪种冠以××（国名）系，20世纪80年代开始，国家实施"菜篮子"和瘦肉型猪项目开始及至目前，每年几乎都有不同的场家从各国引进长白猪。

图 2-8 长白猪

外貌特征：全身白色，体躯很大，前轻后重，呈楔形，清秀美观。头狭长，鼻筒长直，耳大前倾，背腰稍拱起，腹线平直，肋骨开张，并比其他品种的猪多1~2对，后躯发达，腿臀丰满，乳头7~8对，排列整齐，大小适中。

繁殖性能：公猪性成熟在6月龄左右，8月龄可参加配种。母猪发情周期21~23天，发情持续期2~3天，有些母猪发情征兆不太明显。妊娠期112~116天，母猪初产仔10~11头，经产11~12头。根据河南省种猪育种中心测定，新引进的法系长白猪初产仔猪12.43头，三胎后达13.7头，21日龄窝重65千克以上，繁殖性能明显高于传统的长白猪。

生长肥育性能：长白猪生长快，饲料利用率高，胴体瘦肉率高，150 日龄体重达 100 千克，30~100 千克平均日增重 900 克以上，背膘厚度 10.5 毫米，料肉比约 2.6∶1。用其作父本或母本与其他引进猪种和我国地方猪种杂交，都有很好的效果。

杂交利用：用长白猪作父本，用泛农花猪、湖北白猪、北京黑猪、上海白猪作母本的二元杂交，肥育期日增重可达 600 克左右，饲料利用率为 3.0~3.8。胴体瘦肉率达 54%~62%。在三元杂交中，多以长白猪为第一父本与本地母猪或大白猪交配，其后代与第二父本杜洛克交配效果最佳。三元杂交商品猪日增重在 800 克以上，胴体瘦肉率为 63%~65%。

三、杜洛克猪

杜洛克猪（图 2-9）原产于美国东北部。杜洛克猪同样在世界养猪业发达的国家均有饲养，在我国也有很多饲养，是世界上最著名、分布最广的主导瘦肉型猪种之一，通常都用作生产商品肉猪的杂交父本，称为黄金终端公猪。杜长大、杜大长中的"杜"指的就是杜洛克猪，与其他品种公猪相比，杜洛克猪体质粗壮结实，有杜洛克猪血缘的商品猪没有应激和肉质问题，受到普遍欢迎，可见杜洛克猪对改良猪种、改善瘦肉型猪的肉质具有不可替代的作用。

由于杜洛克猪在世界广泛分布，各国根据各自的需要展开选育，在总体保留杜洛克猪特点的同时，又各具一定特色。同样，国内通常就称其为××系杜洛克猪，如美系……、加（加拿大）系……，近年，台湾的杜洛克种猪引入大陆，业界通常称为台系杜洛克猪。在瘦肉型猪生产实践中，有一些场家比较偏爱杜洛克猪与后面介绍的皮特兰猪杂交，用一代正反杂种公猪做终端父本，也有的配套系猪的父母代种猪来源于这两个猪种的杂种后代。

杜洛克原种猪应具备毛色棕红、结构匀称紧凑、四肢粗壮、体躯深广、肌肉发达，属瘦肉型肉用品种。头大小适中、较清秀、颜面稍凹、嘴筒短直，耳中等大小，向前倾，耳尖稍弯曲，胸宽深，背腰略

图 2-9　杜洛克猪

呈拱形，腹线平直，四肢强健。公猪：包皮较小，睾丸匀称突出、附睾较明显。母猪：外阴部大小适中、乳头一般为 6 对，母性一般。

杜洛克猪产仔数较少，大群平均仅为 9~10 头，但生长快，饲料转化率高，抗逆性强。70 日龄至 100 千克日增重：750 克。70 日龄至 100 千克饲料报酬：2.8：1。出生至 100 千克天数：170 天。肥育猪 25~90 千克阶段日增重为 700~800 克，饲料利用率 2.8~3.2，达 90 千克体重日龄在 170 天以下；90 千克屠宰时，屠宰率 72% 以上，胴体瘦肉率 61%~64%；肉质优良，肌内脂肪含量高达 4% 以上。

杜洛克是生长发育最快的猪种，肥育期平均日增重 750 克以上，料肉比（2.5~3.0）：1。胴体瘦肉率在 60% 以上，屠宰率为 75%，成年公猪体重为 340~450 千克，母猪 300~390 千克。初产母猪产仔 9 头左右，经产母猪产仔 10 头左右。

由于杜洛克猪具有增重快、饲料报酬高［料肉比为(2.8~3.2)：1］，胴体品质好、眼肌面积大、瘦肉率高等优点，而在繁殖性能方面较差些，故在与其他猪种杂交时，经常作为父本，以达到增产瘦肉和提高产仔数的目的。杜洛克猪身体健壮、强悍，耐粗性能强，是一个极富生命力的品种，生长快，饲料利用率高。该品种的缺点是繁殖力不太高，母性差，胴体产肉量稍低，肌肉间脂肪含量偏高。

四、皮特兰猪

皮特兰猪（图2-10）是20世纪70年代开始在欧洲流行的肉用型新品种。本品种于1919—1920年开始在比利时用多种杂交的方法选育而成，1955年才被公认。皮特兰猪原产于比利时的布拉帮特省，是由法国的贝叶杂交猪与英国的巴克夏猪进行回交，然后再与英国的大白猪杂交育成的。主要特点是瘦肉率高，后躯和双肩肌肉丰满。

图2-10　皮特兰猪

种母猪7月龄发情，8月龄体重达90千克时可开始配种，产仔数约10头。在较好的饲养条件下，皮特兰猪生长迅速，6月龄体重可达90~100千克。日增重750克左右，每千克增重消耗配合饲料2.5~2.6千克，屠宰率76%左右，瘦肉率可高达70%以上，眼肌面积大多在40厘米^{2}以上，后腿比例33%以上，背膘很薄，劣质肉（PSE肉）发生率较高，并具有高度的应激敏感性。皮特兰猪因瘦肉率特别高，在国外主要用于商品猪生产，作为父本与抗应激品种杂交，生产商品猪。

公猪一旦达到性成熟就有较强的性欲，采精调教一般一次就会成功，射精量250~300毫升，精子数每毫升达3亿个。母猪母性不亚于我国地方品种，仔猪育成率在92%~98%。母猪的初情期一般在

190 日龄，发情周期 18~21 天，每胎产仔数 10 头左右，产活崽数 9 头左右。

　　皮特兰初产母猪较易发生难产（经产母猪很少发生），原因是后躯肌肉丰满，产道开张不全。皮特兰前后肢负重大，四肢较细，且不喜欢运动，容易出现腿病。应加强运动，每天保证每头猪在 1 小时以上，尤其是育肥中后期猪与后备公母猪。此外，饲养密度不能太大。有条件的可进行舍外或草地放牧式饲养。躺卧时磨坏的部位要及时治疗。

第三章

猪的选种选配与杂交利用

第一节　猪的选种

一、猪的选种原则

种猪的选择首先是品种的选择，主要是经济性状的选择。在品种选择时，还必须考虑父本和母本品种对经济性状的不同要求。父本品种选择着重于生长肥育性状和胴体性状，重点要求日增重快、瘦肉率高；而母本品种则着重要求繁殖力高、哺育性能好。当然，无论父本品种或母本品种都要求适合市场的需要，具有适应性强和容易饲养等优点。

不同品种其生产性能差异很大，因此选择适合市场需要的品种很有必要。现把选种的原则介绍如下。

1. 结合当地的自然、经济条件

如在我国华南地区则要求猪种耐热、耐湿，而在东北地区则要求猪种耐寒性好。又如经济条件好的地区如珠江三角洲往往饲料条件较好，可以饲养生长快、瘦肉多、肉质好的猪种，而在饲料条件较差的地区，则要求猪种耐粗性能好。

2. 考虑猪场的饲料、猪舍、设备等具体条件

饲料的来源、种类和价格对选择品种有密切关系。工厂化养猪是

在高设备条件下，采用"全进全出"流水式的生产工艺流程进行设计的，要取得较高的经济效益，就要求猪种生长快、产仔多、肉质好。在采用封闭式限位栏饲养的种猪，则对四肢强健有更高的要求，而且要求体型大小一致。

3. 选择种猪时既要突出重点性状，又要兼顾全面

重点性状不能过多，一般为2~3项，以提高选择效果。如肥育性状重点选择日增重和膘厚，繁殖性状重点是活产仔数、断奶仔猪头数和断奶窝重，这些是既反映产品质量且容易测定的性状。

4. 种猪应健康无病

要特别注意体质结实，符合品种（或品质）的要求，以及与生产性能有密切关系的特征和行为，适当注意毛色、头型等细节。如出口香港的活猪则要求毛白色，杂色毛不受欢迎。

5. 根据市场的要求，出口与内销任务的不同

出口的猪要求瘦肉率高，但瘦肉多的猪对饲料要求高。而内销的猪则要求肥瘦适中，容易饲养，生产成本低。在大城市，瘦肉率高的猪售价也越来越高。

二、猪的选种方法

猪的主要选种方法可分为个体选择、系谱选择、同胞测验、后裔测验和合并选择等方法。不管哪种方法所取得的遗传进展，都决定于选择差（选择强度）的大小，即猪群某性状的平均数与该猪群内为育种目的而选择出来的优秀个体某性状平均数之差，性状的遗传力，即群体某一性状表型值的变异量中多少是由遗传原因造成的，遗传力高说明该性状由遗传所决定的比例较大，环境对该性状表现影响较小，反之亦然，及世代间隔（即双亲产生后代的平均年龄）三个主要因素。下面具体介绍猪的几种主要选种方法。

1. 个体选择

根据种猪本身的一个或几个现在性状的表型值进行选择叫作个体选择，这是最普通的选择方法。应用这种方法对遗传力高的性状选择

有良好效果，对遗传力低的性状选择效果较差。采用个体表型选择对于胴体品质和生长速度等高或中等遗传力性状是有效的，它比后裔测验更为经济实用。为了充分发挥个体选择的作用，要注意以下几点。

（1）采用个体选择，要缩短世代间隔，加速世代的更迭。为此，育种场的成年母猪头数势必减少，青年母猪头数增多，由于成年母猪的生产性能高于青年母猪，这就造成育种猪的经济负担。所以，应当合理解决。

（2）选择的主要性状为猪的日增重和 6 月龄背膘厚，为此，仔猪断乳时不要大量淘汰，应多留后备幼猪参加发育测定。

（3）为了使个体选择能在稳定的环境条件下进行，有条件的地区可建立公猪测定站，这样所获取的结果，更加可靠与准确。

2. 系谱选择

系谱选择是根据父本及母本、或双亲以及有亲缘关系的祖先表型值进行选择的。因此，这种选择方法必须持有祖先的系谱和性能记录。系谱选择的准确度取决于以下几个因素。

（1）被选个体与祖先的亲缘关系越远，祖先对被选个体的影响就越小。在没有近亲繁殖的情况下，被选择的个体与每一亲代的血统关系是 0.50，与每一祖代是 0.25，与每一曾祖代是 0.125。因此，亲缘关系越远，祖先对被选择的个体影响就越小。

（2）选择的准确度随性状遗传力的增加而增加，性状遗传力越高，祖先的记录价值就越大。

（3）在不同时间、不同环境条件下所得的祖先性能记录，对判断被选个体的育种值作用不大。因为数量性状易受环境的影响，以及可能存在着基因与环境的互作影响。

（4）在一般生产的情况下不易获得祖先系谱和祖先性能的详细记录，或缺乏同期群体平均值的比较资料，这就大大地降低了系谱选择的作用。因此，今后应加强系谱的登记工作，并在系谱中记录祖先的性能成绩与同期群体平均生产成绩相比较的材料，这样的系谱对判断被选个体的育种值就有较大的价值。

3. 同胞测验

同胞测验就是根据全同胞或半同胞的某性状平均表型值进行选择。这种测验方法的特点就是能够在被选个体留作种用之前，即可根据其全同胞的肥育性能和胴体品质的测定材料做出判断，缩短了世代间隔。对于一些不能从公猪本身测得的性状，如产仔数、泌乳力等，可借助于全同胞或半同胞姐妹的成绩作为选种的依据。

同胞测验是用 4 头供测验的同胞平均成绩作为全同胞鉴定的依据。而同父异母的以 2 头半同胞的平均成绩可作为父系半同胞的鉴定依据。

同胞选择在猪选种上的应用比系谱选择要广泛得多。因为猪是多胎动物，可充分提供有关同胞的资料。

同胞选择同时又是对几个亲本的后裔测验。同胞测验与后裔测验的差别在于对测验结果的利用上不同。

4. 后裔测验

在条件一致的环境下，按被测后裔的平均成绩来评价亲本的优势，此法称为后裔测验。这种方法对低遗传力或中等遗传力性状选择的准确性较高，而且能获得限性性状或种猪不能直接度量的性状，如胴体瘦肉率就不能在种猪个体直接进行，需要通过后裔进行判断。

后裔测验是在同等条件下，对公猪和亲本的仔猪进行比较测验，也适用于母猪的鉴定。按后裔的平均成绩来评定亲本的方法测验时，应从被测公猪和 3 头以上与配母猪所生的后裔中每窝选出 3 头（1公、1母和 1 阉公猪）共 9 头后裔的生产性能成绩作为鉴定母猪的依据。由于用此法测验准确性高，故被广泛应用。

5. 合并选择

合并选择是根据个体本身的资料结合同胞资料进行的选择，在对公猪进行本身测定的同时，对其他同父同母的两头同胞进行测验。用此法可对公猪的种用价值尽早地作出评价。

三、选种的时间和内容

猪的选种时间通常分为三个阶段，即断奶时的选种、6月龄时的选种和母猪初产后的选种。

1. 断乳时的选种

应根据父母和祖先的品质（即亲代的种用价值），同窝仔猪的整齐度以及本身的生长发育（断奶重）和体质外形进行鉴定。外貌要求无明显缺陷、失格和遗传疾患。失格主要指不合育种要求的表现，如乳头数不够，排列不整齐，毛色和耳形不符合品种要求等。遗传疾患如疝气、乳头内翻、脱肛、隐睾等。这些性状在断奶时就能检查出来，不必继续审查，即可按规定标准淘汰。由于在断奶时难以准确地选种，应力争多留，便于以后精选，一般母猪至少应达 2：1，公猪4：1。

2. 6月龄时的选种

这是选种的重要阶段，因为此时是猪生长发育的转折点，许多品种此时可达到90千克活重左右。通过本身的生长发育资料并可参照同胞测定资料，基本上可以说明其生长发育和肥育性能的好坏。这个阶段选择强度应该最大，如日本实施系统选育时，这一淘汰率达90%，而断奶时期初选仅淘汰20%。这是因为断奶时期对猪的好坏难以准确判断。

6月龄选种重点选择从断奶至6月龄的日增重或体重、背膘厚（活体测膘）和体长，同时可结合体质外貌和性器官的发育情况，并参考同胞生长发育资料进行选种。机能形态应注意以下几点。

（1）结构匀称，身体各部位发育良好，体躯长，四肢强健，体质结实。背腰结合良好，腿臀丰满。

（2）健康，无传染病（主要是慢性传染病和气喘病），有病者不予鉴定。

（3）性征表现明显，公猪还要求性机能旺盛，睾丸发育匀称，母猪要求阴户和乳头发育良好。

（4）食欲好，采食速度快，食量大，更换饲料时适应较快。

（5）合乎品种特征的要求。

3. 母猪出产后（14~16 月龄）的选种

此时母猪已有繁殖成绩，因此，主要据此选留后备母猪。在断奶阶段，虽然考虑过亲代的繁殖成绩，但难以具体说明本身繁殖力的高低，必须以本身的繁殖成绩为主要依据。当母猪已产生第一窝仔猪并达到断奶时，首先淘汰产生畸形、脐疝、隐睾、毛色和耳形等不符合育种要求仔猪的母猪和公猪，然后再按母猪繁殖成绩和选择指数高的留作种猪，其余的转入生产群或出售。日本实施的系统选育计划中母猪出产后规定留种率为 40%，而我国一般种猪场此时的淘汰率很低。

就选种来说，一头良种猪由小到大须经过三次选择：断奶阶段，6 月龄阶段和初产阶段。目前，我国种猪场的选择强度不大。一般要求公猪（3~5）：1，母猪（2~3）：1。就是说，要选留一头种猪，需要有三头断奶仔猪供选择。因此，我们应根据现场情况和育种计划的要求，创造条件适当提高选择强度。

第二节　猪的选配

猪的选配是指有目的、有计划、有组织地选择公母猪交配，以获得优良的后代。它是一个科学的选择配种组合的过程。因为尽管种猪本身很优秀，但是如果任意和其他种猪杂交，所产的仔猪不一定是最优秀的。这是由于杂交后代的基因型变化所致。关于这一点在很多猪场均已得到证明。基于此，种猪场在选择优秀种猪的基础上必须进行种猪的科学选配。只有这样，才能进一步增强选种的实际效果，提高整个猪群的整体质量。

一、猪的选配原则

（1）要有明确育种目标，尽量组织亲和力好的家畜配种。

（2）公畜质量要高于母畜，这是因为公畜具有带动和改进整个畜群的作用，而且选留数量较少。

（3）不随意近交，近交只能控制在育种群中必要时使用，它是一种短期内局部采用的方法，而在一般繁殖群，远交才是长期而又普遍使用的方法。

（4）具有相同缺点或相反缺点者禁配。

（5）做好品质选配，对于优秀公母畜，均应进行同质选配，以便在后代中加强和固定其优良品质。

二、猪的选配方法

根据选配的对象，种猪选配的方法可分为两类：个体选配法和种群选配法。

1. 个体选配法

常用于猪品种选育提高和育成新品种。在进行个体选配时，一般以参与选配的个体亲缘关系的远近和个体的性状品质为选配依据。其中以参与选配的个体性状品质为选配依据的选配方式称为品质选配。以参与选配的个体亲缘关系远近为选配依据的选配方式称为亲缘选配。

（1）品质选配。

品质一般是指体质、体型、生物学特性、生产性能和产品质量等方面，也可指遗传品质。品质选配是考虑交配双方品质对比的选配，根据相配猪的品质对比，可分为同质选配和异质选配。

① 同质选配。即选用性能和外形相似的优秀公、母猪来配种，使亲本的优良性状稳定地遗传给后代，使优良性状得到保持和巩固，以期获得与亲本（公、母猪）优良性状相似的优良后代个体。

② 异质选配。异质选配可以选择具有不同优良性状的公、母猪配种，以获得兼有双亲不同优点的后代；也可以选同一性状但优劣程度不同的公、母猪配种，使纯种后代有较大的改进和提高，生产高质量的纯种，才能更好地产生高产的杂种。

（2）亲缘选配。

亲缘选配是根据种公母猪亲缘关系远近进行选配的一种方法。当猪群中出现优秀个体时，为了尽可能保持优秀个体的特性，揭露隐性有害基因，提高猪群的同质性，可采用亲缘亲配。为了防止近亲交配（双方共同祖先的总代数不超过6代）而造成的繁殖性能、生活力和生产力下降等遗传缺陷衰退现象，应严格控制近亲交配系数的增大。一般繁殖场和商品猪场应避免近亲交配。但近亲交配运用得当，可以加速优良性状的巩固和扩散，揭露隐性有害基因，提高猪群的同质性，是育种工作中的一个重要手段。为了避免近交过程中出现衰退现象而造成损失，在使用近亲选配时，一般只限于培育品系（包括近亲系）以及为了固定理想性状才可用各种不同程度的近亲交配。

2. 种群选配法

种群选配的意义在于"扩繁"，即通过种群选配，逐步提高猪群的整体繁殖水平。而"扩繁"的目的在于获得更多数量的优良种猪以进行杂交生产。

第三节　猪的杂种优势利用

一、概念

猪的杂种优势利用是有计划地选用两个或两个以上不同品种猪进行杂交，利用杂种优势来繁殖具有高度经济价值育肥猪的一种改良方法。

二、杂交亲本的选择

（1）对父本猪种的要求，要突出其种性的纯度，要求其生长速度和饲料报酬的性能要高，具体性状要突出膘薄、瘦肉率高、产肉量大，眼肌面积及大腿比例都比较高。

（2）对母本猪种的要求，特别要突出繁殖力高的性状特点，包括产仔数、产活仔数、仔猪初生重、仔猪成活率、仔猪断奶窝重、泌乳力和护仔性等性状都比较良好。由于杂交母本猪种需要量大，故还需强调其对当地环境的适应性。

三、杂交方式

猪的经济杂交方式有多种，常用的几种方法如下。

1. 二品种杂交

二品种杂交也称二元杂交，获得的杂种是二元杂种。方法是使用两个品种杂交，所产生的二品种一代杂种全部用作商品肉猪。甲品种♂（公）×乙品种♀（母）、F1 杂交一代肉猪（50%甲、50%乙）。

杂交方式简单，杂交一代的血统父本、母本各占 50%。二品种杂交杂种优势率最高可达 20%左右，具有杂种优势的后代比例能达到 100%。二品种杂交是由两个纯种相互杂交，其遗传性比较稳定，杂交效果可靠，杂交方法简单易行，成本低，容易推广。

2. 二品种轮回杂交

二品种轮回杂交是两个品种杂交后，选择优秀杂种后代母猪，逐代地分别与原始亲本品种回交，如此继续不断地轮回下去，以保持杂种的优势，凡是杂种公猪和不合格的杂种母猪都进行肥育作为商品肉猪。甲♂×乙♀、乙♂×杂 1♀（甲 50%、乙 50%）、甲♂×杂 2♀（甲 25%、乙 75%）、乙♂×杂 3♀（甲 12.5%、乙 87.5%）、杂 4（甲 6.25%、乙 93.75%）。

二品种轮回杂交在轮回三代以后，后代所含的两品种血统基本趋于平衡，各占 1/3 或 2/3 逐代互变。二品种轮回杂交只须饲养 2 个亲本品种的公猪，但为了防止亲缘交配，每代都要更换公猪，造成一定浪费。基本母猪群则是每代选留的杂种母猪，可以充分利用杂种母猪繁殖性能的杂种优势，但杂种母猪的遗传性不稳定，并有高度可塑性，从而降低杂种的生活力和生产性能。在轮回杂交过程中，回交亲本品种的遗传比例在后代有所提高，如果它是高产品种，则回交要求较高的饲养条件，否则杂种优势就不能明显表现出来。如果该亲本是低产品种，那回交后代的生产性能受遗传性的影响就会下降。

3. 三品种杂交

三品种杂交也叫三元杂交。方法是首先使用二品种杂交获得二品种一代杂种，在一代杂种中选留优秀杂种母猪做母本，再用第三品种公猪交配，产生的后代全部用做商品肉猪。甲♂×乙♀、丙♂×杂一代♀（甲50%、乙50%）、杂二代（甲25%、乙25%、丙50%）（商品猪）。

三品种杂交的效果不稳定。原因是要利用二元杂交的一代杂种，再与第三品种杂交，最终获得三元杂交的商品猪。由于一代杂种的遗传性不稳定，具有较强的可塑性，易受外界条件的影响而变化，再与第三品种杂交时杂种优势不稳定。三元杂种会出现一致性差的分离现象，但三元杂交可充分利用二品种一代杂种繁殖性能的杂种优势。由于繁殖性能主要决定于母本，所以三元杂交时二元杂种主要用作母本。

第四章

猪场饲料配制与使用

第一节　不同生长阶段猪的营养需要

一、母猪的营养特点

供给合适的营养水平是保证母猪高繁殖力的基本保证。母猪通过胎盘和乳汁供给仔猪营养，合适的养分摄入可确保仔猪健康快速成长。

母猪营养突出特点是"低妊娠高泌乳"。妊娠期供给相对低的营养水平，以防止母猪过肥而难产、奶水不足、压死仔猪增加、断奶后受孕率下降；妊娠阶段一般都实行限饲的饲喂方法（图4-1）。

图4-1　母猪妊娠阶段实行限饲方法

泌乳期的母猪需要高的营养水平以供给不断生长的仔猪需要（图4-2），而且也使在断奶后体重不至于减少太多，以利于尽快发情配种。这个阶段饲粮要求消化能达到3 200千卡/千克，粗蛋白至少达到15%以上。

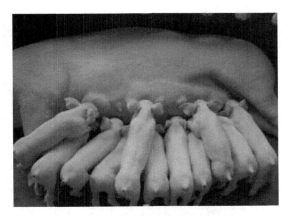

图4-2 母猪泌乳期应高营养喂养

二、乳、仔猪的营养特点

乳、仔猪的营养是所有阶段猪中最复杂的。营养供给不合理的直接后果是猪只生长缓慢、腹泻率高、死亡率高，进而使中大猪阶段生长缓慢、延长出栏时间。

新生仔猪消化系统发育尚不完善，消化酶分泌能力弱，只能消化母乳中乳脂、乳蛋白和碳水化合物，应供给易消化的食物（图4-3）。如果直接供给以玉米、豆粕为主的全价配合饲料，容易引起仔猪腹泻。仔猪腹泻分营养性腹泻和病菌性腹泻两种，刚断奶仔猪的腹泻，往往是营养性腹泻。导致仔猪营养性腹泻的机理是：仔猪对全价配合饲料的消化率低，大量未消化的碳水化合物进入大肠，大肠中大量微生物借助这些碳水化合物迅速繁殖，微生物发酵会产生大量的挥发性脂肪酸和其他渗透活性物质，打破了肠壁细胞的内外渗透平衡，水分从细胞内渗透到肠道中，增加了肠内容物的水分含量，导致腹泻。在此过程中，豆粕所含的大豆抗原可引起仔猪肠道的过敏性反应，加剧腹泻。因为上述原因，乳、仔猪饲粮中需要使用易消化的原料，如乳清粉、喷雾干燥血浆蛋白粉、膨化大豆等，同时，需添加助消化的酸制剂、酶制剂等。

易消化食物（a）

易消化食物（b）

图4-3　乳、仔猪饲粮必须易消化

三、后备猪

后备公猪和后备母猪基本相似，必须自由采食，当体重大约 100 千克时选为种用，以便可以评定其潜在的生长速度和瘦肉增重。这些猪选为种用后，应限制能量摄入量，以保证其在配种时具有理想的体重。

在后备公猪发育期间，蛋白质摄入不足会延缓性成熟，降低每次射精的精液量，但是轻微的营养不足（日粮粗蛋白水平 12%）所造成的繁殖性能的损伤可很快恢复。

四、种公猪

合理的营养水平，是公猪配种能力的主要影响因素。公猪的性欲和精液品质与营养，特别是蛋白质的品质有密切关系。种公猪的能量需要分为两个时期：非配种期和配种期。非配种期的能量需要为维持需要的 1.2 倍，配种期的能量需要为维持需要的 1.5 倍。在大规模饲养条件下，种公猪饲喂锌、碘、钴、锰对精液品质有明显提高作用。

五、生长育肥猪的营养需要

生长育肥猪的经济效益主要是通过生长速度、饲料利用率和瘦肉率来体现的，因此，要根据生长育肥猪的营养需要配制合理的日粮，以最大限度地提高瘦肉率和肉料比（图 4-4，图 4-5）。

动物为能而食，一般情况下，猪日采食能量越多，日增重越快，饲料利用率越高，沉积脂肪也越多。但此时瘦肉率降低，胴体品质变差。蛋白质的需要更为复杂，为了获得最佳的肥育效果，不仅要满足蛋白质量的需求，还要考虑必需氨基酸之间的平衡和利用率。能量高使胴体品质降低，而适宜的蛋白质能够改善猪胴体品质，这就要求日粮具有适宜的能量蛋白比。由于猪是单胃杂食动物，对饲料粗纤维的利用率很有限，在一定条件下，随饲料粗纤维水平的提高，能量摄入量减少，增重速度和饲料利用率降低。因此猪日粮粗纤维不宜过高，

图4-4　生长猪高营养料饲喂

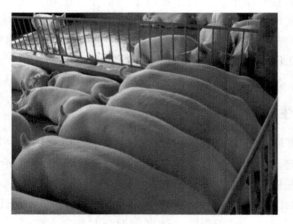

图4-5　育肥猪低能量料饲喂

肥育期应低于8%。矿物质和维生素是猪正常生长和发育不可缺少的营养物质，长期过量或不足，将导致代谢紊乱，轻者增重减慢，严重的发生缺乏症或死亡。生长期为满足肌肉和骨骼的快速增长，要求能量、蛋白质、钙和磷的水平较高。肥育期要控制能量，减少脂肪沉积。

第二节　猪常用饲料原料及产品

一、猪饲料常用原料

1. 能量饲料

（1）玉米。

玉米含 3%~4.5% 的脂肪，消化能高达 14 769.52千焦/千克；含 7%~9%粗蛋白质；缺乏赖氨酸和色氨酸，所以蛋白质品质差。玉米适口性好，适合于做育肥猪的日粮。玉米在日粮中的含量主要决定它的价格是否高于其他能量饲料。

（2）大麦。

饲用大麦消化能约为 13 054.08千焦/千克，含 10%~12% 的粗蛋白质和6%的粗纤维。大麦含有单宁、β-葡聚糖等抗营养因子，影响其蛋白质消化率和适口性。所以大麦不宜用于饲喂仔猪，用于饲喂育肥猪以不超过 25 克为宜，但它可以改善育肥猪胴体品质。大麦应该适度磨碎后饲喂。

（3）小麦。

小麦大约含 14 233.97 千焦/千克消化能，含约 13%的粗蛋白质和3%的粗纤维。小麦含消化能、蛋白质高，纤维低，对于猪是优于大麦的饲料。小麦不应过细地磨碎，猪不喜欢吃被粉碎得很细小的小麦。大量使用时，应添加戊聚糖酶、植酸酶，以降低环境污染。同时应清除小麦赤霉菌，该菌可引起猪急性呕吐。全量替代玉米要注意，添加生物素，因为小麦生物素利用率较低。用小麦饲喂生长育肥猪，可减少黄脂肪，提高猪肉品质。

（4）小麦麸和次粉。

小麦麸粗蛋白含量为 15%左右，次粉为 14%；麸皮消化能为 9.38 兆焦/千克，次粉为 13.77 兆焦/千克。麸皮含能低，还有轻泻功能，对母猪尤其是怀孕母猪具有保健作用，可以防止母猪过肥和便秘。

（5）米糠。

米糠为稻谷加工业的副产品，新鲜的米糠适口性好，含粗蛋白12.9%，消化能为 12.31 兆焦/千克，是猪很好的能量饲料。新鲜米糠在生长猪日粮中可以添加 10% 左右，育肥猪 30% 左右。但米糠用量过多会导致猪肉胴体质量下降。由于米糠含有脂肪水解酶和高的不饱和脂肪酸，容易发生氧化酸败和水解酸败，导致米糠适口性变差，猪吃了会发生严重腹泻。一般建议在猪饲料中添加量控制在 15%以下。

其他的能量饲料包括高粱、玉米加工的副产品，如玉米胚芽粕、玉米蛋白粉等。

2. 蛋白质饲料

（1）豆粕。

猪日粮中所用的两种大豆制品是去皮豆粕（粗蛋白 47%~49%）和常规豆粕（粗蛋白 43%）。人工乳及调教饲料中豆粕应限制使用，因纤维素含量较多，且其中糖类为多糖及寡糖（棉籽糖、水苏糖），含量 7% 左右，仔猪不能产生相应的酶分解。建议使用酶制剂增加消化吸收，减少腹泻。另外，豆类含有胰蛋白酶抑制因子，可导致蛋白质消化率降低，未降解的蛋白质经粪便排泄，导致环境气味问题和地下水污染。此外，还应该注意磷的污染。由于豆类含有植酸磷，猪消化道缺乏植酸酶，对植酸磷的利用很低，必须在日粮中添加大量的无机磷以满足猪对磷的需求。大量的日粮磷，加上日粮中的植酸磷，导致磷的排泄过多，造成环境磷污染，所以必须添加植酸酶降低磷的污染。近年来，人们利用热膨化技术提高了豆粕蛋白质的利用率。

（2）菜籽粕。

菜籽粕是猪日粮中豆粕的一个合适的替代品。它含有 34%~38%的蛋白质，并且可以按 7.5% 的添加量用于仔猪，按 10% 的添加量用于生长猪的日粮，但是在育肥猪和种公猪的日粮中仅作为辅助蛋白质饲料使用。菜饼粕含芥子苷，必须经脱毒后喂猪。

（3）棉籽（饼）粕。

脱壳棉仁粕粗蛋白含量为41%~44%，代谢能为2.4兆卡/千克。一般限量使用，同时补充赖氨酸、钙。乳仔猪和种猪不宜使用。棉粕中含有游离棉酚，可导致猪中毒，所以应脱毒使用。

（4）豌豆。

豌豆是粗蛋白（23%）和能量（14 225.6千焦/千克）的良好来源。研究证明，作为蛋白来源，在所有猪日粮中，豌豆可以部分或是完全地替代豆粕，并且在总体生产性能上没有差别。但应对豌豆的蛋白质含量加以测定，因为其变异范围为14%~28%。

（5）蚕豆。

蚕豆可以作为蛋白质来源在猪日粮中使用，因为它含有20%~28%粗蛋白质。但它的适口性差，并含有抗营养因子，如胰蛋白酶抑制因子和单宁，用于猪的日粮效果差。把蚕豆按15%的比例用于生长育肥猪日粮，按10%的比例用于母猪日粮是可行的。

（6）肉骨粉。

肉骨粉是肉品加工的副产品，已经被熟制并消毒，是良好的蛋白质（50%粗蛋白）、钙（8%）和磷（4%）的来源。然而，由于其氨基酸不平衡，不应将其作为生长猪日粮中唯一蛋白质来源。

（7）鱼粉。

鱼粉含粗蛋白62%以上，氨基酸之间平衡性好，消化率高，达90%以上，因而是高质量的蛋白质来源，同时又是钙和磷的良好来源。鱼粉外观呈淡黄色、浅褐色，有特殊的香味，盐分和沙含量低于1%。使用时应该注意识别掺假、变质鱼粉。

（8）血粉。

血粉中的粗蛋白含量为80%，如果在加工过程中长时间高温时，可能发生蛋白质变性而降低它的消化率。血粉含有高的赖氨酸，但异亮氨酸缺乏。因此，在日粮中血粉应严格控制在日粮的2%左右。

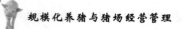

（9）血浆蛋白粉。

血浆蛋白粉含粗蛋白 70%~78%、赖氨酸 6%~7.6%，具有很高的消化率，适口性好，含有免疫蛋白质和有益于仔猪肠道的血源性分子。血浆粉在日粮中添加量为 2.5%~6%。

（10）乳清粉。

乳清粉是制造乳酪时的副产品。乳清粉含乳糖 60% 以上，蛋白质 3%~16%。

3. 矿物质饲料

（1）含钙和磷的饲料。

钙的主要来源是石灰石，其含 38% 的钙；磷的主要来源是磷酸钙（含 18% 钙和 21% 磷）和脱氟的磷酸盐（含 32% 的钙和 18% 磷）。注意这些磷包含高水平的钙。其他饲料成分，比如肉骨粉、鱼粉和奶产品含有大量的钙和磷，且对动物来说有较高的利用率。相反，谷物和豆粕含有相对低水平的钙和磷。而且，包含在植物成分中的磷对猪来说仅仅能够利用 1/3。

（2）微量元素饲料。

微量元素可以通过商业维生素矿物质预混料与蛋白质添加剂来补充。如果需要额外的矿物质，可以由工厂在惯用量基础上加到预混料添加剂中。微量元素的来源是无机盐，如铁来自于硫酸亚铁，铜来自于硫酸铜。微量元素的螯合物是可用的，但是它们的价格很高。

4. 维生素饲料

最便宜和最可信的维生素来源是合成维生素。猪日粮中常用的维生素一般由预混料提供，猪场只是在生产中出现维生素缺乏症时才添加。

二、优质原料的选择

在养猪生产中，为了提高饲料转化率，增加养猪效益，在配制猪日粮时，一定要注意对原料的选择。

（1）饲料的营养成分和营养价值。

在选择原料时一定要注意原料的养分含量，同时也要关注猪的消化吸收率。例如，血粉含粗蛋白80%，但氨基酸极不平衡，猪的利用率较低，所以要控制用量。另外，猪在不同的生长阶段对同一种原料的消化吸收不同。例如，仔猪阶段由于仔猪的消化酶系统没有发育完整，对植物性蛋白原料（豆粕）中蛋白的消化吸收率很低，易引起下痢，要控制用量，宜以动物性蛋白为主。而对中大猪来讲，豆粕则是非常好的蛋白来源。所以日粮配制时一定要有专业的具有实际经验的营养师来完成。

（2）避免使用适口性差的原料。

适口性影响猪的采食量。在实际生产中，经常看到猪场对于采购的原料把关不严，一些发霉变质的原料也被购进。由于霉变饲料含有非常高的霉菌毒素，严重影响适口性。如T-2毒素，严重时引起仔猪拒食。

（3）确定合适的使用量。

任何一种原料，使用量高于或低于一定值时，对猪的生产都有影响。一些饲料超过推荐的使用量，将会影响饲料的适口性（菜粕、棉粕）。

（4）高纤维原料的选择。

在养猪生产中，除母猪日粮可以使用一部分高纤维原料外，其余都必须严格控制使用，否则会影响其他营养物质的消化吸收。

三、饲料产品的分类

1. 按营养成分进行分类

（1）全价配合饲料。

全价配合饲料又叫全日粮配合饲料。该饲料所含的各种营养成分和能量均衡全面，能够完全满足动物的各种营养需要，不需加任何成分就可以直接饲喂，并能获得最大的经济效益，是理想的配合饲料。它是由能量饲料、蛋白质饲料、矿物质饲料，以及各种添加剂饲料所组成。

（2）混合饲料。

混合饲料又叫基础日粮或初级配合饲料，是由能量饲料、蛋白质饲料、矿物质饲料按一定比例组成的，它基本上能满足动物营养需要。但营养不够全面，只适合农户搭配一定量的青饲料进行饲喂。

（3）蛋白质补充饲料。

蛋白质补充饲料又叫蛋白浓缩饲料，或称平衡用混合饲料，是指以蛋白质饲料为主，加上矿物质饲料和添加预混合饲料配制而成的混合饲料。猪、鸡用的蛋白质补充料含蛋白质 30% 以上，矿物质和维生素也高于饲料标准规定的要求，因此不能直接饲喂。但按一定比例添加能量饲料就可以配制成营养全面的全价配合饲料。一般情况蛋白质补充饲料占全价配合饲料的 20%～30%，使用时既方便又能保证配合料的饲料质量，还可以减少饲料中主原料的往返运输和损耗。

（4）添加剂预混合饲料。

这种饲料是由营养物质添加剂和非营养物质添加剂等组成，并以玉米粉、豆饼粉以及面粉等饲料作为载体，根据动物的不同品种和生产方式而均匀配制成的一种饲料半成品。

（5）代乳料。

代乳料也叫人工乳，是专门为哺乳期动物而配制的，以代替自然乳的全价配合饲料，既可以节约商品乳，又可以降低培育成本。

2. 按饲料物理性状进行分类

（1）粉状饲料。

一般是把按一定比例混合好的饲料粉碎成颗粒大小比较均匀的一种料型。细度在 2.5 毫米以上。这种饲料养分含量和动物的采食较均匀，品质稳定，饲喂方便、安全、可靠。但容易引起动物挑食，造成浪费。

（2）颗粒料。

颗粒料是以粉状为基础经过蒸汽加压处理而制成的块状饲料，其形状有圆筒状和角状。这种饲料密度大，体积小，改善了适口性，并保证了全价饲料报酬高的特点。特别是肉用型动物及禽、鱼等应用效果最好。

（3）膨化饲料。

膨化饲料也叫漂浮饲料。这类饲料是专门为鱼、龟等动物而制成的。可以减少饲料中水溶性物质的损失，保证饵料的营养价值。一般情况用膨化饲料喂鱼比普通的颗粒料喂鱼可减少饵料损失 10%～15%，并可提高产量 10%左右。

（4）碎粒料。

碎粒料是用机械方法将颗粒料再经破碎加工成细度 2～4 毫米的碎粒。其特点与颗粒料相同，就是由于破碎而使动物的采食速度稍慢，特别适用于蛋鸡、雏鸡和鹌鹑饲用。

另外，还有其他块状饲料及液体饲料等。

第三节　猪饲料的配制与贮存

一、猪饲料的配制

1. 饲料原料选择

（1）原料的种类和用量。

原料品种应多样化，以利于发挥各种原料之间的营养互补作用。常用的猪饲料比例为：谷物类如玉米、稻谷、大麦、小麦、高粱等，占 50%～70%；糠麸类如麦麸、米糠等占 10%～20%，豆饼、豆渣占 15%～20%，有毒性的饼如棉籽饼、菜籽饼应小于 10%，种猪不宜使用棉籽饼；动物蛋白质饲料如鱼粉、蚕蛹粉等占 3%～7%，草粉、叶粉小于 5%，贝壳粉或石粉占 3.0%～3.5%，骨粉占 2.0%～2.5%，食盐要小于 0.5%。

（2）饲料原料的特性。

要掌握原料的有关特性，如适口性、饲料中有毒有害成分的含量，以及饲料的污染、有无霉变等情况，适口性差、含有毒素的原料用量应有所限制，严重污染、霉变的原料不宜选用。

（3）经济性原则。

应本着因地制宜、就地取材的原则，充分利用当地原料资源。

（4）原料的体积。

为了确保猪只每天所需要的营养物质，所选原料的体积必须与猪消化道容积相适应，若体积过大，猪每天所需的饲料吃不完，从而造成营养物质不能满足需要，同时还会加重消化道的负担；若体积过小，虽然营养物质得到满足，但猪没有饱感，表现烦躁不安，从而影响生长发育。

2. 饲料的科学配合

（1）掌握猪的饲养标准。

不同生产目的的猪以及不同生长阶段的猪，对营养物质的需要量不同，因而应根据猪的生产目的、年龄、体重等，选择不同的饲养标准来配制日粮。另外，根据不同猪群，选用不同类型的日粮。一般来说，仔猪、种公猪、催肥阶段的育肥猪，可选用精料型，即精料占日粮总重的50%以上；繁殖母猪、后备母猪可选用青料型，即青饲料占日粮总重的50%以上；架子猪可选用糠麸型，即糠麸占日粮总重的50%以上。

（2）原料混合要均匀。

各种原料必须混合均匀，才能保证猪吃进每日所需的各种营养物质。尤其是加有预混饲料时，如混合饲料混合不均匀，容易造成猪药物或微量元素中毒。另外，应注意根据季节的不同来调整饲料的比例。冬季应增加玉米等能量饲料的比例，适当降低豆饼等蛋白饲料的比例，但粗蛋白下降不超过15个百分点；夏季由于采食量下降，应减少玉米等能量饲料的比例，并适量提高钙的含量。

（3）配料多样、合理，保证营养全面。

在喂猪的青、粗、精3类饲料中，青饲料含水分多、体积大、易消化、适口性好，并含有多种维生素、矿物质和质量好的蛋白质；粗料体积大，粗纤维含量较高，配合合理，可增加饲料与消化液的接触面积，有通便作用，会使猪有饱胀感，但难以消化；精料的特点是体积小、营养价值高、易消化但矿物质、维生素较缺乏。

3. 加工调制要合理，配合饲料要适口性好，容易消化

除麦麸、米糠、鱼粉、骨粉等粉状原料外，玉米、豆类、稻谷等籽实类原料应适当粉碎，生大豆不能直接喂猪，必须炒熟或煮熟后才能使用。配合饲料中，如含能量和蛋白质较高、粗纤维少，则适口性好，容易消化；相反，含能量和蛋白质少，含粗纤维多，则适口性差，难以消化。在配合饲料时，宜多采用青饲料，少用粗饲料，并且配合的粗饲料品种要好。饲料要尽量精细加工，严防发霉、变质；鱼粉要尽量少用，以降低饲料成本；菜籽饼、棉籽饼要做好去毒处理，饲喂怀孕母猪时要严格控制用量，一般不超过饲料总量的5%；应用青绿多汁饲料饲喂公猪时不可过多，否则容易形成"草腹"，影响配种能力，饲喂空怀母猪时，大量应用青绿多汁饲料可以促进发情。

二、猪饲料的贮存

1. 饲料原料的贮存保管

（1）对动物蛋白质类饲料。

蚕蛹、肉骨粉、鱼粉、骨粉等动物蛋白质类饲料极易染菌和生虫，影响其营养效果。这类饲料一般用量不大，采用塑料袋贮存较好。为防止受潮发热霉变，用塑料袋装好后封严，放置在干燥、通风的地方（图4-6）。保存期间要勤检查温度，如有发热现象要及时处理。

（2）油料饼类饲料。

油饼类饲料由蛋白质、多种维生素、脂肪等组成，表层无自然保护层，所以易发霉变质，耐贮性差。这类饼状饲料在堆垛时，首先要平整地面，并铺一层油毡，也可垫20厘米厚的干沙防潮。饼垛应堆成透风花墙式，每块饼相隔20厘米，第二层错开茬，再按第一层摆放的方法堆码，堆码一般不超过20层。刚出厂的饼类水分含量高于

图4-6 饲料

5%，堆垛时需堆一层油饼铺垫一层高粱秸或干稻草等，也可每隔一层加一层隔物，这样，既通风又可吸潮。尽量做到即粉碎即使用。

2. 饲料添加剂的保管与贮存

（1）保持低温与干燥。

长期保存饲料添加剂，必须在低温和干燥条件下完成。当保存的温度在15~26℃时，不稳定的营养性饲料添加剂会逐渐失去活性，夏季温度高，损失更大。当温度在24℃时，贮存的饲料添加剂每月可损失10%，在37℃条件下，损失达20%。干燥条件对保存饲料添加剂也很重要。空气湿度大时，饲料易发霉。由于各种微生物的繁衍，一般饲料添加剂易吸收水分。因而使添加剂表面形成一层水膜，加速添加剂的变性。

（2）饲料添加剂的熔点、溶解度、酸碱度对保管和贮存的影响。

熔点低的饲料添加剂，其稳定性较差。融点在17~34℃即开始分解。易溶性的饲料添加剂，因含量少在液态下很容易产生分解反应。有些饲料添加剂对酸碱度很敏感，在较潮湿环境里，饲料添加剂的微粒很容易形成一层湿膜，故产生一定的酸度，影响稳定性。

（3）贮存期与颗粒大小对饲料添加剂质量的影响。

细粒状饲料添加剂稳定性较差，随着贮存时间的延长，可造成较大损失。维生素类的饲料添加剂即使在低温、干燥条件下保存，每月自然损失也在 5%～10%。对任何一种饲料添加剂的贮存，由于高压可引起粒子变形，或经加压后，相邻成分的表面形成微细薄膜，增加暴露面积，因而会加速分解。

（4）添加抗氧化剂、防霉剂、还原剂、稳定剂。

为了避免发生类似硫酸亚铁、抗坏血酸、亚硫酸盐还原糖碘等，造成某些饲料添加剂发生氧化或还原反应，破坏其固有效价，向添加剂饲料中加入适量的抗氧化剂和还原剂是很有必要的。饲料因在潮湿环境下易发生潮解，并在细菌、霉菌等微生物作用下发生霉变，故在饲料中添加适量的防霉剂是十分必要的。不同的稳定剂对添加剂的影响也不一样，例如，以胶囊维生素 A 与脂肪维生素 A 比较，当贮存在湿度为 70%、温度为 45℃环境下，12 小时后可以发现鱼肝油维生素 A 效价损失最大，胶囊剂保持的效价最高。

3. 配合饲料的贮存保管

（1）水分和湿度。

配合饲料的水分一般要求在 12% 以下，如果将水分控制在 10% 以下，即水分活度不大于 0.6，则任何微生物都不能生长；配合饲料的水分大于 12%，或空气中湿度大，配合饲料会返潮，在常温下易生霉。因此，配合饲料在贮藏期间必须保持干燥，包装要用双层袋，内用不透气的塑料袋，外用纺织袋包装。贮藏仓库应干燥、通风。通风的方法有自然通风和机械通风。自然通风经济简便，但通风量小；机械通风是用风机鼓风入饲料垛中，效果好，但要消耗能源。仓内堆放，地面要铺垫防潮物，一般在地面上铺一层经过清洁消毒的稻壳、麦麸或秸秆，再在上面铺上草席或竹席，即可堆放配合饲料。

（2）虫害和鼠害。

害虫能吃绝大多数配饵成分，由于害虫的粪便、躯体网状物和恶味，而使配饵质量下降，影响大多数害虫生长的主要因素是温度、相对湿度和配饵的含水量。这类虫的适宜生长温度为 26~27℃，相对湿度 10%~50%，低于 17℃ 时，其繁殖即受到影响。一般蛾类吃配合饲料的表面，甲虫类则吃整个配合饲料。在适宜温度下，害虫大量繁殖，消耗饲料和氧气，产生二氧化碳和水，同时放出热量，在害虫集中区域温度可达 45℃，所产生之水气凝集于配合饲料表层，而使配合饲料结块，生霉，导致混合饲料严重变质，由于温度过高，也可能导致自燃。鼠类啮吃饲料、破坏仓房、传染病菌、污染饲料，是危害较大的一类动物。为避免虫害和鼠害，在贮藏饲料前，应彻底清除仓库内壁、夹缝及死角，堵塞墙角漏洞，并进行密封熏蒸处理，以减少虫害和鼠害。

（3）温度。

温度对贮藏饲料的影响较大，温度低于 10℃ 时，霉菌生长缓慢，高于 30℃ 则生长迅速，使饲料质量迅速变坏；饲料中高度不饱和脂肪酸在温度高、湿度大的情况下，也容易氧化变质。因此配合饲料应贮于低温通风处。库房应具有防热性能，防止日光辐射热透入，仓顶要加刷隔热层；墙壁涂成白色，以减少吸热；仓库周围可种树遮阴，以避日光照射，缩短日晒时间。

4. 不同品种配合饲料的贮藏保管

全价颗粒饲料因用蒸汽调质或加水挤压而成，能杀死大部分微生物和害虫，且间隙大，含水量低，糊化淀粉包住维生素，故贮藏性能较好，只要防潮、通风，避光贮藏，短期内不会霉变，维生素破坏较少。

全价粉状饲料表面积大，孔隙度小，导热性差，容易返潮，脂肪和维生素接触空气多，易被氧化和受到光的破坏，因此，此种饲料不宜久存。

浓缩饲料含蛋白质丰富，含有微量元素和维生素，其导热性差，易吸湿，微生物和害虫容易滋生，维生素也易被光、热、氧等因素破坏失效。浓缩料中应加入防霉剂和抗氧化剂，以增加耐贮藏性。一般贮藏3~4周，要及时销出或使用。

5. 霉变饲料处理措施

霉变饲料中含有致癌物质，它可以通过畜禽产品而危害人类健康。因此，霉变饲料必须进行去毒处理，方可用来喂养畜禽。

去毒方法有如下几种。

（1）水洗法。将发霉的饲料粉（如果是饼状饲料，应先粉碎）放在缸里，加清水（最好是开水），水要多加一些，泡开饲料后用木棒搅拌，每搅拌一次需换水一次，如此连洗5~6次后，便可用来喂养畜禽。

（2）蒸煮法。将发霉饲料粉放在锅里，加水煮30分钟或蒸1小时后，去掉水分，再作饲料用。

（3）发酵法。将发霉饲料粉用适量清水湿润、拌匀，使其含水量达50%~60%（手捏成团，放手即散），做成堆让其自然发酵24小时，然后加草木灰2千克，拌匀中和2小时后，装进袋中。用水冲洗，滤去草木灰水，倒出，加1倍量糠麸，混合后，在室温25℃下发酵7小时，此法去毒效果可达90%以上。

（4）药物法。将发霉饲料粉用0.1%高锰酸钾水溶液浸泡10分钟，然后用清水冲洗2次，或在发霉饲料粉中加入1%的硫酸亚铁粉末，充分拌匀，在95~100℃下蒸煮30分钟，即可去毒。

第五章

猪的繁殖

第一节　猪繁殖的基本规律

一、母猪的性成熟规律

青年母猪达到性成熟的时间是以出现首次发情和排卵为准，西方猪种的性成熟年龄通常为 180～200 天，但个体间的变异较大，性成熟年龄有所不同，而中国猪种如梅山猪，其性成熟年龄要早得多，大约 90 日龄就达到了，与性成熟有关的激素分泌机制十分复杂。当青年母猪趋近性成熟时，雌激素的分泌大量增加，同时促黄体素的分泌量也达到高峰，两者结合最终启动母猪开始发情并排卵。

虽然性成熟的启动年龄是由猪的遗传决定的，但有许多环境因素表明对其有影响，相对于体重而言，猪的性成熟似乎与年龄的关系更为密切，不过，性成熟在较大的年龄范围内都会发生，很可能与个体的生理年龄有关，特别是当生理年龄涉及生殖激素系统发育的阶段时，它对性成熟的启动是最为重要的。在其他限制因素都正常的情况下，猪的营养对性成熟发生的时间似乎也有一定影响，营养状况还会影响首次和后来各情期的排卵数。

性成熟的年龄具有季节性变异，这种变异可能由光照或环境温度的变化所引起。有迹象表明，增加光照长度会使性成熟提早，而提高环境温度会使性成熟推迟。在圈养舍饲方式中，光照和温度的效应可通过调节舍内的光照时间和温度进行控制。

二、母猪发情排卵规律

1. 发情周期

达到性成熟而未妊娠的母猪，在正常情况下每隔一定时间就会出现一次发情，直至衰老为止，这种有规律的周期称为发情周期。计算方法是由这次发情开始到下一次发情开始的时间间隔。母猪最初的2~3次发情不太规律，以后基本规律了。母猪发情周期一般为19~23天，平均21天。

此时期后期母猪具有性欲表现：母猪阴门肿胀程度逐渐增强，到发情盛期达到最高峰；整个子宫充血，肌层收缩加强，腺体分泌活动增加，阴门处有黏液流出；子宫颈管道松弛；卵巢卵泡发育很快。此时母猪试图爬跨并嗅闻同栏其他母猪，但本身不能持久被爬跨，母猪尿中和阴道分泌物中有吸引和激发公猪的外激素。一般在此时期的末期开始排卵。

2. 排卵规律

母猪发情持续时间为40~70小时，排卵时间在后1/3，而初配母猪要晚4小时左右。其排卵的数量因品种、年龄、胎次、营养水平不同而异。一般初次发情母猪排卵数较少，以后逐渐增多。营养水平高可使排卵数增加。现代国外种母猪在每个发情期内的排卵数一般为20枚左右，排卵持续时间为6小时；地方种猪每次发情排卵为25枚左右，排卵持续时间10~15小时。

三、初配适龄

母猪性成熟并不等于体成熟，母猪生长发育尚未完成，因此，此时不宜进行配种。过早配种不仅影响第一窝产仔成绩和泌乳，而且也将影响将来的繁殖性能；过晚配种会降低母猪的有效利用年限，相对增加种猪成本。一般适宜配种时间为：引进品种或含引进品种血液较多的品种（系）适宜在 8 月龄左右，体重 80~90 千克，在第二或第三个发情期实施配种；地方土种猪 6 月龄左右，体重 70~80 千克时开始参加配种。实际生产中，有些场家自己培育的母猪第一次发情就配种，导致产仔数较少，一般只有 7 头左右，并且出现产后少乳或无乳。也有些场家外购后备母猪由于受运输、环境、饲料、合群等应激影响，到场后 1 周左右出现发情，于是安排配种，结果同样出现产仔数少、产后无乳等情况，应引起注意。

四、公猪精子的形成及初配适龄

1. 公猪的性成熟

公猪发育到一定时期，睾丸内能产生成熟的精子和雄性激素，具有性行为，配种能使母猪受孕，此时称性成熟。

性成熟的时间，受环境和品种等因素的影响。一般来说，我国北方地区年平均气温低，猪性成熟较迟，而南方温和，性成熟较之为早。早熟品种比晚熟品种早，我国的地方品种又比外国引入品种早。公猪达到性成熟的时间，我国南方品种为 4~5 月龄，北方品种为 5~6 月龄，培育品种为 6~8 月龄。

2. 精液

精液由精子和精清两部分组成。猪精液中，精子占精液的 2%~5%，每毫升浓稠猪精液中含有精子 10 亿~20 亿。精液的化学成分中，90%~98% 为水分，2%~10% 为干物质。在精清内含有果糖、山梨醇、乳酸、柠檬酸、甘油磷脂胆碱、抗坏血酸、肌醇、酶类和钠、钾、钙、镁、氯等无机物。

精清的作用是：稀释精子，便于精子的运送。精清内所含的物质为精子提供营养，并缓冲精子代谢产物对精子的不良影响，延长精子的存活时间。在交配时，精清中的副性腺分泌物。能够凝固形成阴道栓塞，阻塞阴道，防止精液倒流。此外，精清中所含的前列腺素和精液囊素共同作用，能刺激母猪生殖道收缩，使精子快速到达受精部位，实现受精。

3. 初配适龄

公猪达到性成熟时，其身体尚在发育，过早参加繁殖配种，会影响身体发育，缩短利用年限，所以，达到性成熟的公猪，还不能用于配种。公猪第一次配种（初配）的年龄，应安排在身体基本发育成熟、其体重达到成年体重的 50%~60% 时。初配年龄，小型早熟品种在 8~10 月龄，体重达 60~70 千克时；大、中型品种宜在 10~12 月龄，体重达 90~120 千克时。

第二节　发情鉴定与适时配种

一、母猪发情表现

发情母猪表现兴奋不安，有时哼叫，食欲减退。非发情母猪食后上午均喜欢趴卧睡觉，而发情的母猪却常站立于圈门处或爬跨其他母猪。将公猪赶入圈栏内，发情母猪会主动接近公猪。发情鉴定人员慢慢靠近疑似发情母猪臀后认真观察阴门颜色、状态变化。白色猪表现潮红、水肿，有的有黏液流出；黑色猪或其他有色猪只能看见水肿及黏液变化。

二、母猪的发情鉴定

外部观察法：根据母猪的发情表现判定配种时间。

压背法：用手按压母猪的背、臀部，母猪呆立不动时，实施配种。

三、适时配种

精子在母猪生殖道内保持受精能力时间为 10~20 小时，卵子保持受精能力时间为 8~12 小时。母猪发情持续时间一般为 40~70 小时，但因品种、年龄、季节不同而异。瘦肉型品种发情持续时间较短，地方猪种发情持续时间较长。青年母猪比老龄母猪发情持续时间要长。春季比秋冬季节发情持续时间要短。具体的配种时间应根据发情鉴定结果来决定，一般大多在母猪发情后的第2~3天。对于老龄母猪要适当提前做发情鉴定，防止错过配种佳期。对于青年母猪可在发情后第3天左右做发情鉴定，母猪发情后每天至少进行2次发情鉴定，以便及时配种。本交配种应安排在静立反应产生时；而人工受精的第一次输精应安排在静立反应（公猪在场）产生后的12~16小时。第二次输精安排在第一次输精后12~14小时。

四、配种方式

1. 单次配种

母猪在一个发情期内，只配种一次。此法虽然省工省事但配种佳期掌握不好易影响受胎率和产仔数，实际生产中应用较少。

2. 重复配种

母猪在一个发情期内，用1头公猪先后配种2次以上，其时间间隔为8~12小时，生产中多安排2次，具体时间多安排在早晨或傍晚前。此配种方法可使母猪输卵管内经常有活力强的精子及时与卵子受精，有助于提高受胎率和产仔数。此种配种方式多用纯种繁殖场，或用于青年公猪鉴定。

3. 双重配种

母猪在一个发情期内，用两头公猪分别交配，其时间间隔为5~10分钟，此法只适于商品生产场，这样做的目的可以提高母猪受胎率和产仔数。

五、常用的配种方法

1. 本交

本交为公母猪直接交配，达到精卵结合目的的交配方法。

（1）自然交配。

发情母猪见到公猪后，公母猪鼻对鼻进行接触；公猪嗅母猪的外阴；母猪嗅公猪的生殖器官；头对头进行接触，发出哼哼的求偶声，公猪开始连续不断地咀嚼，嘴上开始有泡沫，并有节奏地排尿；母猪有的也排尿；公猪用鼻拱母猪侧面或腹部，发出几声求偶声；母猪发呆静立；公猪爬跨时先是两前肢搭在母猪后臀部，然后两前肢前移进行交配。一般交配时间为 10 分钟左右。

（2）人工辅助交配。

猪场应选择一块地势平坦，地面坚实而不光滑的地方作配种栏（场）。配种栏（场）周围要安静无噪声、无刺激性异味干扰，防止公、母猪转移注意力。首先将母猪的阴门、尾巴、后臀用 0.1%高锰酸钾溶液擦洗消毒。将公猪包皮内尿液挤排干净，使用 0.1%的高锰酸钾将包皮周围消毒。配种人员带上消毒的橡胶手套或一次性塑料手套，准备做配种的辅助工作。然后当公猪爬跨到母猪背上时，用一只手将母猪尾巴拉向一侧，另一只手托住公猪包皮，将包皮口紧贴在母猪阴门口，这样便于阴茎进入阴道。公猪射精时肛门闪动，阴囊及后躯充血，一般交配时间为 10 分钟左右。

2. 人工授精

通过人工采精、授精的过程，达到精卵结合目的的交配方法。其主要步骤有采精、精液收集、精液品质外观检查、精液的显微镜检查、精液的稀释、精液的保存、运输和输精等。

第三节　早期妊娠诊断与接产

一、母猪的早期妊娠诊断方法

1. 根据发情周期和妊娠征状进行诊断

一般说来，母猪配种后经过 3 周没有出现发情，并且食欲渐增，性情温驯、尾巴自然下垂，驱逐时夹着尾巴走路、阴户缩成一条线等现象，则初步断定已经妊娠。所以，配种后观察是否重新发情已成为判断妊娠最简易、最常用的方法。但是，配种后不再发情的母猪并不一定妊娠，有的母猪发情周期有延迟现象；有的母猪卵子受精后，胚胎在发育中早期死亡或被吸收而造成长期不再发情。所以，根据配种后是否发情来判断的妊娠，也会有些误差。

2. 利用超声波妊娠诊断仪诊断法

通过超声波妊娠诊断仪来进行早期妊娠诊断，主要是通过测定胎儿的心率数来实现的。实验证明配种后 20 ~ 30 天诊断的准确度为 80%；40 天后的准确度为 100%。仪器由主机和探触器两部分组成，将探触器贴在猪腹部，一般在母猪右侧倒数第二个乳头附近，通过体表发射超声波来确定胎儿的心率数。

3. 尿中雌激素化学诊断法

母猪妊娠后尿中雌激素（主要是雌酮）含量增加，雌酮和硫酸结合会出现豆绿色荧光化合物，因此，可通过这一化学反应特性来确定母猪是否妊娠。此法的准确度达到 95%，对母猪无任何危害，可谓是一种准确、经济的妊娠测定方法，但是这种方法较为麻烦，费时费工。

4. 激素注射妊娠诊断法

在母猪配种后 16 ~ 17 天注射 3 ~ 5 毫升的孕马血清或 1 毫克的己烯雌酚，如果母猪空怀，则在 2 ~ 3 天内表现发情，子宫颈黏液发生特征性的变化；如果母猪已妊娠，则注射激素后无任何反应。但要注意使用此法一定要慎重，如果使用不当会造成母猪的流产和繁殖障碍。同时，时间必须准确，如果注射时间过早，会打乱未孕母猪的发情周期，延长黄体寿命，造成长期不发情。

二、接产

母猪产前几天，应将猪圈内的圈肥彻底清除，再把猪床上的旧土连同脏的垫草一起更换。如果是冬季，还应做好产圈的保温工作。准备照明灯及其他必要的接产用具，如毛巾、碘酒、干草等。一旦发现母猪有临产征兆，即将母猪的阴门及尾部用开水擦洗干净，接产人员剪短指甲，洗净手臂，待母猪产仔。

　　母猪分娩时，要保持周围环境安静，仔猪产出后，如果羊膜（包着仔猪的包膜未破，应迅速撕破，放出羊水，立即用手将仔猪口、鼻及全身的黏液擦净，接着将脐带内的血液向腹部方向捋挤，在离腹壁 3~4 厘米的地方，用手或消毒剪刀掐断脐带。在掐断处涂上碘酒，然后把仔猪放在事先准备好的仔猪箩筐内。正常情况下，每隔 5~20 分钟，产出一头仔猪。分娩过程一般持续 2~3 小时，个别的可延长十几小时以上。全部仔猪产出后，经过 20 分钟左右，排出胎衣，分娩即告结束。胎衣排出后，应立即拿走，防止母猪吞食。母猪产后半小时，可喂点温热带盐的麸皮汤，以补充水分，防止因过度口渴，而出现吃仔的现象。

　　母猪有时会分娩出个别心脏尚跳，但不呼吸的假死仔猪。这时，应迅速提起仔猪后腿，用手拍打仔猪臀部，使黏液从气管内排出，促使呼吸；也可将仔猪仰放在垫草上，用手握住前肢，前后曲伸，并用手掌轻按压两胁和胸部，促使仔猪恢复呼吸。如果母猪长时间剧烈阵痛，但仍产不出仔猪，这便是难产。开始阶段阵痛有力，时间久了，母猪体力衰竭，阵痛微弱，呼吸困难，心跳加快，皮肤呈青紫色，如不及时进行人工助产，有可能引起死亡。助产比较安全的办法是注射人用的合成催产素，剂量为每 100 千克体重肌内注射 2 毫升，注射后 20~30 分钟即可产出仔猪。如注射催产素无效，应立即请兽医人员进行助产。

第六章

猪的规模化饲养管理

第一节 母猪的饲养管理

一、后备母猪的饲养管理

(一) 后备母猪选择

选自第 2~5 胎优良母猪后代为宜。体形符合本品种的外形标准 (图 6-1),生长发育好、皮毛光亮、背部宽长、后躯大、体型丰满,四肢结实有力,并具备端正的肢蹄,腿不宜过直。有效乳头应在 6 对以上,排列整齐,间距适中,分布均匀,无瞎乳头和副乳头,阴户发育较大且下垂、形状正常。日龄与体重对称——出生体重在 1.5 千克以上,28 日龄断奶体重达 8 千克,70 日龄体重达 15 千克,体重达 100 千克时不超过 160 日龄;100 千克体重测量时,倒数第三到第四肋骨离背中线 6 厘米处的超声波背膘厚在 2.0 厘米以下。

后备母猪挑选常分 5 次进行,即出生、断奶、4 月龄 (60 千克左右)、5 月龄 (105~110 千克) 左右 (初情期)、配种前逐步给予挑选。

(二) 后备母猪饲养

采用群养,以刺激发情 (图 6-2)。30 千克以前小猪料饲喂,30~60 千克中猪料饲喂,60~90 千克大猪料饲喂,自由采食,90 千

图 6-1　长白后备母猪外型

克以后限饲，每天 2.8 千克左右。在后备母猪管理上，应注意猪舍通风，对地面、用具、食槽等定期消毒，按时驱虫和预防接种。6 月龄时应测量体尺，不合格者淘汰。母猪舍应有运动场，以保证正常发育，防止过肥和肢蹄不良。配种前半个月优饲。具体根据母猪膘情增减饲喂量。母猪发情第二次或第三次，体重达 120 千克以上配种。

图 6-2　后备母猪群养以刺激发情

（三）发情与配种

1. 观察发情方法

每天进行两次发情鉴定，上下午各一次。

（1）外部观察法。

发情母猪行动不安，外阴红肿，有少数黏液流出（图 6-3），尿频，爬跨其他母猪，食欲差。

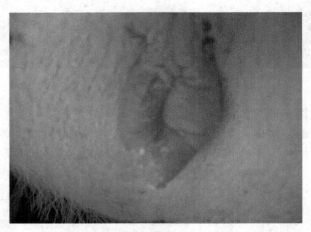

图 6-3　发情母猪外阴红肿，有少数黏液流出

（2）试情法。

用公猪对母猪进行试情，母猪接受公猪爬跨。

2. 配种时机

配种时机（图 6-4），应在出现静立反应后（图 6-5，图 6-6），延迟 12~24 小时配第一次，再过 8~12 小时进行第二次配种。母猪配种后 21 天若不发情，即基本确认怀孕，转入怀孕期管理。

3. 配种方法

初次实施人工授精最好采用"1+2"配种方式，即第一次本交，第二、第三次人工授精；条件成熟时推广"全人工授精"配种方式，并应由三次逐步过渡到两次。

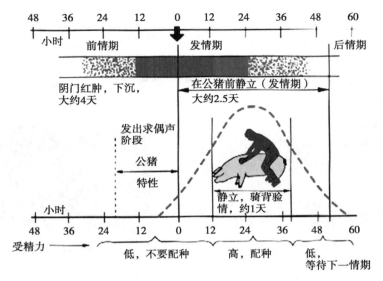

图 6-4　配种时机

图 6-5　骑背试验，静立不动者可配种

图 6-6　人工压背，静立不动者可配种

（1）自然交配。

选择配种的公母个体大小比例要合理（图6-7）。把公母猪赶到圈内宽敞平坦处，要防止地面打滑。高温季节宜在上午8时前，下午5时后进行配种。最好饲前空腹配种。公猪配种后不宜马上沐浴和剧烈运动，也不宜马上饮水。如喂饲后配种必须间隔半小时以上。

图6-7 自然交配

图6-8 输精瓶和一次性输精管

（2）人工授精。

① 输精前的准备。

准备输精瓶和一次性输精管（图6-8）。经贮存的精液特别是低温保存的要经升温才使用，即将精液置于37℃的水中徐徐升温至35~37℃，常温和低温保存的精液要求精子活力不低于0.6、冻精解冻后精子活力不低于0.3，方可使用。

② 输精操作。

输精时，先清洗母猪外阴，后用净布抹干，滴上两滴精液作润滑剂。然后将输精管斜上避开尿道口插入母猪阴道内，当输精管进入10~15厘米后，转成水平插入直至子宫颈，同时按摩会阴部，使母猪伸腰、翘臀、举尾。当子宫颈对输精管有锁定感觉时，将装有精液的塑料袋或精液瓶连接输精管，使子宫收缩的负压作用将精液吸至子宫深部。输精时间要求3~5分钟。精液全部输入后，让输精管保持原状3~5分钟，慢慢转动拔出输精管或让输精管继续停留于阴道内，由阴道括约肌收缩让其自行退出，同时用手按压母猪背部，使母猪背凹陷、尾翘起，防止精液倒流。（图6-9，图6-10）。

第六章　猪的规模化饲养管理

图 6-9　人工授精模式

图 6-10　人工授精实景

（3）配种间隔。

经产母猪：上午发情，下午配第一次，次日上、下午配第二、第三次；下午发情，次日上午配第一次，下午配第二次，第三日下午配第三次。断奶后发情较迟（7 天以上）及复发情的经产母猪、初产后备母猪，要早配（发情即配第一次），间隔 8 小时后再配一次，至少配三次。

二、妊娠母猪的饲养管理

母猪配种受胎后至分娩前为妊娠期，为 111 ~ 117 天，平均114 天。

妊娠母猪的饲养管理是一项技术性、科学性很强的工作。由于母猪的年龄、体况、妊娠阶段以及胎次不同，与之相适应的饲养管理措施也存在较大差异。因此，要给出一个精细的饲养管理方案是不太现实的，这里只能对大概情况做一介绍，供参考。

母猪经过配种受胎以后，就成了怀孕母猪。母猪怀孕后，一方面继续恢复前一个哺乳消耗的体重，为下一个哺乳期贮积一定营养；另一方面，要供给胎儿发育所需要的营养。对于初产母猪来说，还要满足身体进一步发育的营养需要。因此，母猪在怀孕期，饲养管理的主要任务是：保证胎儿在母猪体内得到充分发育，防止滑胎、流产和死胎。同时要保证母猪本身能够正常积存营养物质，使哺乳期能够分泌数量多、质量好的乳汁。妊娠母猪本身及胎儿的生长发育具有不平衡性，即有前期慢、后期快的特点。这是制定饲养管理措施的基本依据。

按照妊娠母猪的特点和母猪不同的体况，妊娠母猪的饲养方式有以下三种。

1. 抓两头顾中间的喂养方式

这种方式适用于经产母猪。前阶段母猪经过分娩和泌乳期，体力消耗很大，为了使母猪担负起下一阶段的繁殖任务，必须在妊娠初期就加强营养，使其尽早恢复体况。这个时期一般为 20~40 天。此时，除喂大量青粗饲料外，也应适当给予一些精料，以后以青粗料为主，维持中等营养水平。到妊娠后期，即 3 个半月以后，再多喂些精饲料，加强营养，形成"高-低-高"的饲养模式。但后期的营养水平应高于妊娠初期的营养水平。

2. 前粗后精的饲喂方式

对配种前体况良好的经产母猪可采用这种方式。因为妊娠初期，不论是母猪本身的增重，还是胎儿生长发育的速度，或胎儿体组织的变化，都比较缓慢，一般不需要另外增加营养，可降低日粮中精料水平，并不影响胎儿的生长发育，而把节省下来的饲料用在妊娠过程的后期，胎儿生长逐渐加快，此时再适当增加部分精料。

3. 步步登高的饲养方式

这种方式适合于初产母猪和泌乳期配种的母猪。因此，对这类母猪整个妊娠期的营养水平，是按照胎儿体重的增长而逐步提高，到分娩前 1 个月达到最高峰。在妊娠初期以喂优质青粗料为主，以后逐渐增加精料比例。在妊娠后期多用些精料，同时增加蛋白质和矿物质。

现代养猪还可分限量饲喂与不限量饲喂相结合的两种饲喂方式。前者是指按照饲养标准规定的营养定额配合日粮，限量饲喂；后者是指妊娠前 2/3 时期采取限量饲喂，妊娠后 1/3 时期改为不限量饲喂，给予母猪全价日粮，任其自由采食。

不论采用哪种饲喂方式，都应遵循以下 3 个原则。

（1）在怀孕后半个月，即在受精卵附植和形成胎盘以前，因为没有保护物，容易受到外界的影响。如果此时喂给母猪变质、发霉或有毒的饲料，胚胎就容易中毒而死亡，如果饲料营养不全面，缺乏某些营养物质，也可能引起部分受精卵中途停止发育甚至死亡。因此，妊娠最初 20 天以内，日粮中营养浓度虽不必过高，但应注意其品质和营养全价性。

（2）在妊娠后期，母猪的营养需要量很大，但由于胎儿占据了腹腔大部空间，母猪不能采食太多的饲料，两者产生矛盾。因此必须提高日粮的营养浓度，以满足机体需要。此时，不宜饲喂大量青粗饲料，饲粮的体积应与妊娠母猪的采食量相适应。一般每 100 千克体重供干物质 2.0~2.5 千克。

（3）母猪产前一周开始，应逐渐减少饲料喂量，到临产前可削减到原喂量的 50%~70%。不应饲喂难消化和易引起便秘的饲料。对于临产前的母猪，可采取增加饲喂次数和减少每顿喂量的方法，以减轻母猪的消化负担。对于少数营养不良的瘦弱母猪，可采取减少青、粗饲料喂量的方法，使饲养体积缩小而总营养价值并不降低。

三、哺乳母猪的饲养管理

母猪分娩后开始进入哺乳期，这一时期母猪饲养的主要任务是：提高母猪的泌乳量，保证仔猪健壮发育，提高仔猪断奶重和成活率。同时，要保持母猪在哺乳期结束后不过瘦，能按时发情并配上种。

母猪在哺乳期负担很重，营养需要量与其他时期比较也是最多的。由于母猪采食量有限，在哺乳期让母猪敞开吃料，也满足不了泌乳期的营养需要。因此，母猪在泌乳期内体重往往有所下降，尤其是泌乳量高的母猪，产后体重持续减轻，一直到泌乳后期体重才逐渐停止下降。据测定，母猪在两个月的泌乳期内，体重可减轻 30~50 千克，即每天下降 0.5~0.8 千克。为了不使母猪失重过多，而影响健康和繁殖，必须加强哺乳母猪的饲料。母猪每天的营养需要量与体重和哺乳仔猪头数不同而有差异。母猪体重越大，营养需要越多，同样体重的母猪，哺乳仔猪头数增加，营养需要量也要增加。

哺乳母猪的日粮中应以能量饲料为主。青、粗饲料的喂量要适宜，一般饲喂定量应控制在整个饲料的粗纤维含量不超过7%。哺乳期的饲料必须保证品质良好，切忌喂给霉烂变质的饲料。否则，不仅影响母猪的健康和泌乳，而且有损于仔猪的健康。饲料量的减增都应逐渐进行，否则容易导致乳汁的骤变而引起仔猪下痢。

猪乳中含有的水分多达80%，所以母猪泌乳需要大量的水分，加上母猪代谢活动所需的水分，哺乳母猪每日需水量达12~21千克。倘若饮水不足，即使日粮营养十分丰富，也会明显降低泌乳量。

母猪哺乳环境应该保持清洁干燥，垫草要勤换，一般2~3天换一次。这样才能有效地防止母猪乳房炎的发生和仔猪感染下痢以及肺炎和各种皮肤病等。

身体强健的哺乳母猪，在产后1星期左右即可出现发情，此时不应配种，否则影响母猪的泌乳力。

第二节　公猪的饲养管理

公猪的饲养管理是一个猪场的核心。饲养后备公猪是为了得到质量好的精液，因此要加强对后备公猪的饲养管理，使后备公猪具有健壮的体质和旺盛的性欲。

一、后备公猪的选择

体形外貌符合品种特征、睾丸发育良好、左右对称、四肢强健有力、步伐矫健、系谱清晰（图6-11）。用公猪料或哺乳母猪料日喂2.0~2.5千克，膘情控制比同龄母猪低。

图 6-11　长白种公猪外型

二、饲养原则

限制饲养，日喂 2 次，每头每天喂 2.0~2.5 千克。配种期每天补喂一枚鸡蛋，喂鸡蛋于喂料前进行。每餐不喂过饱，以免猪饱食贪睡，不愿运动造成过肥。单栏饲养，远离母猪舍，保证后备公猪每天有足够的时间进行适当的活动和自由运动（图 6-12）。

图 6-12　种公猪单栏饲养

三、成年公猪管理

1. 合理运动

单圈饲养。每天运动0.5~1小时，每次运动800~1 000米。可以通过室外运动或室内试情来完成，让其在配种怀孕舍走道中来回走动，可促进母猪发情，提高体力，避免发胖。夏季做好防暑降温工作，降温措施有猪舍遮阴、通风，在运动场上设喷淋装置或人工定时喷淋，同时在饲料上适当增加蛋白质和优质青绿料。

2. 调教公猪

后备公猪达8月龄，体重达120千克，膘情良好即可开始调教。将后备公猪放在配种能力较强的老公猪附近隔栏观摩、学习配种方法；配种公母大小比例要合理（图6-13）。正在交配时不能推打公猪。

图6-13　配种公母猪体型大小应匹配

3. 使用方法

后备公猪9月龄开始使用，使用前先进行配种调教和精液质量检查，开始配种体重应达到130千克以上。9~12月龄公猪每周配种1~2次，13月龄以上公猪每周配种3~4次。健康公猪休息时间不得超过两周，以免发生配种障碍。若公猪患病，一个月内不准使用。

4. 检查精液

本交公猪每月须检查精液品质一次（图6-14），夏季每月两次，若连续三次精检不合格或连续两次精检不合格且伴有睾丸肿大、萎缩、性欲低下、跛行等疾病时，必须淘汰。应根据精检结果，合理安排好公猪的使用强度。

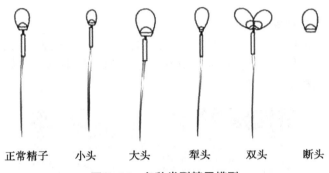

正常精子　　小头　　大头　　犁头　　双头　　断头

图6-14　各种类型精子模型

5. 公母比例

本交时，公：母 = 1：（20~30）；人工授精，公：母 = 1：（50~100）。

第三节　仔猪的饲养管理

一、哺乳仔猪的饲养管理

1. 接产

仔猪出生后，立即将口、鼻黏液掏除、擦净，然后剪齿、断尾。仔猪出生时已有末端尖锐的上下第3门齿与犬齿3枚，需用剪齿钳从根部剪平，防止仔猪相互争抢而伤及面颊及母猪乳头。断尾是指用手术刀或锋利的剪刀剪去最后 3 个尾椎，并涂药预防感染，防止仔猪相互咬尾。

2. 加强保温，防冻防压

通过红外线灯、暖床、电热板等办法给予加温。最初每隔 1 小时让仔猪哺母乳 1 次，逐渐延至 2 小时或稍长时间，3 天后可让母猪带仔哺乳。栏内安装护仔栏，建立昼夜值班制，注意检查观察，做好护理工作。

3. 早吃初乳

仔猪出生后要及时吃足初乳，同时固定乳头（图 6-15），体强的仔猪放在后边乳头上，保证同窝猪生长均匀。如果母猪有效乳头少，要做好仔猪的寄养工作。

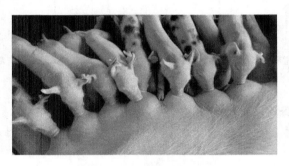

图 6-15　给仔猪固定奶头

4. 补铁

铁是造血必需的元素，为防止缺铁性贫血，仔猪出生 2~3 日注射牲血素补铁，最好 15 日龄再补铁一次，促进仔猪正常生长。

5. 阉割

不能作为种用的仔猪最好在 2 周龄时阉割。

6. 开食补料

7 日龄开始补料，每次每窝添加 10~20 克，每天数次；14 日龄时，仔猪基本上学会采食少量教槽料，以后随着仔猪食量增加逐渐加大喂量。

7. 断奶

仔猪适宜断奶日龄为 28~35 天，断奶时采取去母猪、留仔猪的方式，尽可能减少对仔猪的应激。

二、断奶仔猪的饲养管理

1. 分群

建议采取原窝培育，将原窝仔猪（剔除个别发育不良个体）转入培育舍关入同一栏内饲养。如果原窝仔猪过多或过少时，需要重新分群，可按其体重大小、强弱进行并群分栏，同栏群中仔猪体重相差不应超过 1~2 千克，将各窝中的弱小仔猪合并分成小群进行单独饲养。合群仔猪会有争斗位次现象，可进行适当看管，防止咬伤。

2. 饲养温度和湿度

断奶幼猪适宜的环境温度为 21~22℃，猪舍适宜的相对湿度为 65%~75%。

3. 调教

加强调教新断奶转群的仔猪吃食、卧位、饮水、排泄区固定位置的训练，使其形成理想的睡卧和排泄区。

4. 去势

建议生后 35 日龄左右、体重 5~7 千克时进行去势。也可仔猪生后 7 日龄左右早期去势，以利术后恢复。

第四节　生长育肥猪的饲养管理

仔猪从保育舍转入生长育肥舍，要求增重快、出栏时间短、耗料少、料肉比低、胴体品质优。为此，需要从品种上、饲料营养、环境控制、疫病防治等方面综合考虑。

一、充分利用生长育肥猪的生长规律

仔猪阶段相对生长较快,随日龄增长逐渐降低。日增重开始较低,后来增加,达到高峰后又逐渐下降。猪的育肥最好在6月龄内结束,此前增重最快,每千克增重耗料最少。

幼龄期长外围骨,中龄期长中轴骨和肌肉,稍后肌肉生长加快,最后脂肪生长加快,即所谓小猪长骨,中猪长肉,大猪长膘。生产实践中,应充分利用上述规律,小猪阶段充分调动骨骼生长,育肥前期增加蛋白质供给,促进肌肉组织沉积,育肥后期适当减少能量摄入量,控制脂肪沉积,从而提高瘦肉率,降低生产成本。因为沉积瘦肉比沉积脂肪的利用率高,成本低。

二、控制影响育肥的因素

1. 品种

品种是决定育肥性能的重要因素。一般三元杂交品种的生长优势大于地方品种。只有选择优质品种并结合使用优质饲料,才能获得最佳效益。

2. 性别

公母猪经去势食欲增加,增重速度提高,饲料利用率和屠宰率提高,肉的品质好,由于母猪性成熟晚(6月龄以后),所以,人们普遍采取公猪去势、母猪不去势的方式进行育肥。

3. 初生重和断奶重

仔猪初生重大,断奶重就大,育肥期增重速度快。人们常说"初生差一两,断奶差一斤,出栏差十斤"。设法提高初生重和断奶重是养猪的基础。

4. 饲料与营养

能量水平直接影响日增重。提高能量水平有利于加快增重速度,提高饲料利用效率;适宜蛋白质水平对增重和胴体品质都有良好作用。食入含饱和脂肪酸多的饲料,体脂洁白、坚硬,相反则出现黄膘或软脂。

5. 环境

猪在适宜温度（15~23℃）下，育肥效果明显，过冷过热均不利，高温比低温危害更大，特别要避免高温和低温高湿。饲养密度每栏 10~20 头，每头占栏面积中猪 0.5~0.8 米^2、大猪 0.8~1.0 米^2 为宜，过大过小均不合适。虽然光照无明显影响，但不宜过强，以便于操作管理为好。

三、育肥方法的实施

随着品种改良、日粮结构的不断调整，传统的阶段育肥或吊架子育肥，不完全适应现代养猪生产的要求。根据猪各阶段营养需要特点，供给充足营养的直线育肥（又叫一条龙育肥）为养猪场普遍采用。这种方法育肥期短，日增重高，料肉比低。40~60 千克以前自由采食，充分发挥小猪生长快、饲料利用率高的特点。60 千克以后适当限饲提高饲料利用率并控制体脂的含量。饲喂干粉料，保证充足饮水。育肥期间注意防疫、驱虫、防暑、防寒工作，每日饲喂 2~4 次。具体实行哪种育肥方式还应当考虑品种、饲料资源、交通条件等等。

育肥猪多大体重出栏也不能一概而论，根据育肥目的而论。第一，建议在增重高峰过后及时出栏，因为出栏体重越大，胴体越肥，生产成本也越高。体重 60~120 千克阶段，活重每增长 10 千克，瘦肉率大约下降 0.5%。第二，针对不同市场（出口、城镇还是农村）需要灵活确定出栏体重。第三，以经济效益为核心确定出栏体重。出栏体重越小，单位增重耗料越小，饲养成本越低，但其他成本分摊费用越高，且售价等级越低，很不经济。出栏体重越大，单位产品非饲养成本分摊费用越少，但后期增重成分主要是脂肪，饲料利用率下降，饲养成本明显增高。同时，胴体脂肪多，售价等级低，也不经济。

四、提高瘦肉率的措施

发展瘦肉猪生产，可以提高猪的日增重，降低饲料消耗，改善肉质和养猪业的经营状况。

1. 品种

饲养杜长大三元杂交商品瘦肉型猪，瘦肉率可达64%以上。

2. 饲料蛋白质水平

10~20千克，饲料蛋白质水平应为20%~22%；20~60千克时，饲料蛋白质水平应为16%~19%；60~90千克时，饲料蛋白质水平为14%~16%。

3. 采取"前攻后限"的饲养方式

即60千克前敞开饲喂，60千克后则限制饲喂，一般以限正常喂量85%~90%为宜，补饲青绿饲料。限饲能抑制脂肪增长、节约饲料，提高胴体瘦肉率。

4. 创造适宜生长环境，做到冬暖夏凉

肉猪舍内温度以18~21℃为宜。舍温度25℃和30℃时，采食量分别下降10%和35%，日增重下降。舍温降到10℃采食量增加10%，降到5℃采食量增加20%，舍温0℃时采食量增加35%。

5. 适时出栏屠宰

体重90~100千克时出栏，生长速度、饲料利用率、屠宰率、产肉量和瘦肉率都比较高。

第五节　土猪的饲养管理

一、土猪概述

土猪是指我国本土猪种，以采吃青草、玉米、红薯、米糠等杂粮为主（图6-16），平时在户外放养，不吃"洋饲料"。土猪属于脂肪

型品种，瘦肉率为35%～45%，其特点是肉色好，肉口感、风味好（图6-17），能大量利用青、粗饲料，抗逆性强（抗病、耐寒、耐热、耐饥饿）、成熟早（100～120天性成熟）、母性好，性情温顺、产仔多等，但生长慢（日均250～300克），膘厚，饲料利用率和瘦肉率较低。

图6-16　土猪以采食杂粮为主

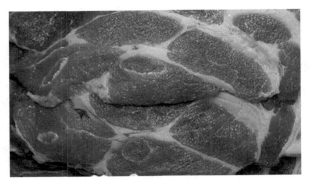

图6-17　土猪肉口感、风味好

　　规模化猪场一般都养瘦肉型猪。国外瘦肉型猪品种的特点是生长快、饲料转化率高、瘦肉率高，但繁殖性能低，肉色及肉的口感、风味不佳。土猪繁殖性能强（图6-18），因而生产优质猪肉的猪场都以养殖地方品种猪为主。近年来，人民生活水平不断提高，越来越注重猪肉的安全、营养和风味，使土猪越来越受到人们追捧，"土猪肉"价格不断攀升，虽然比普通猪肉贵1倍以上，但是消费者也愿掏钱购买。因此，保护和开发我国土猪品种，前景广阔。

图6-18　土猪繁殖性能强

二、饲养管理技术

1. 饲喂

土猪在哺乳期（一般哺乳45天内）以母奶为主，补饲乳猪料。断奶后至30市斤，以玉米、红薯藤、青菜、米糠等杂粮煮熟，搭配少量精料（占10%～15%，如黄豆炒熟后打粉拌喂）和食盐（占0.5%～1%）稀喂（图6-19）；30市斤以后，逐渐以青、粗料为主，红薯藤、青菜等整株生喂（图6-20），用玉米（占50%～60%）、麸皮（占10%～20%）、米糠（占5%～10%）、炒黄豆（占10%～15%）、木薯（占20%～30%）、食盐（占0.5%～1%）配成混合料，按水料1∶1比例拌湿生喂。山地放牧日喂两餐（早上喂饱后休息1~2小时后放牧，放牧回来后晚上饱喂）；在场内设运动场圈养的日喂三餐，喂量占猪体重2%~5%。喂料尽量多样化，不喂鱼粉和工业饲料。饮水保证充足干净。

图 6-19 断奶小猪稀喂

图 6-20 青料整株生喂

6 月龄后，土猪体重一般可达 50 千克左右，本阶段起应严格控制高能量与高脂肪饲料，防止土猪过肥，应以青绿饲料为主料（图

规模化养猪与猪场经营管理

6-21），配以米糠、麸皮和少量玉米粉，直至10月龄后出栏。

图6-21　土猪6月龄后控制能量料

出栏前30~40天，可用米糠、麸皮、玉米粉、花生麸、木薯渣等制作成发酵料饲喂。发酵料喂量为饲喂量的1/3，能起到帮助消化、增强食欲、减少疾病的作用。发酵料甜而芳香，对土猪的肉质风味有一定的增强作用。

2. 运动及放牧

运动可锻炼肌肉，增加肌红蛋白含量，减少脂肪沉积，增加猪肉风味。60市斤以前可在场内运动，在晴好天气的上下午食后1小时开始到场内运动场自由运动1~2小时。60~200市斤，有放养场的可放牧运动（图6-22）。在晴好天气的上午食后1小时开始放牧，中午一般不回，在野外觅食，下午4~5点归舍饲喂。没有林地或坡地作放养场的，可全部在场内运动场运动（图6-23）。林地或坡地应划区轮流放养，放养区每次放牧控制在60天内，每亩放养量控制在20头以内，放养猪每群控制在30头以内。

图 6-22　放牧运动

图 6-23　在场内运动场自由运动

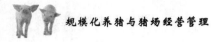

3. 管理

土猪性成熟早，肉猪20市斤前公母猪都应去势。

养至300日龄以上，土猪平均体重达150市斤以上时可上市出售。

总结优质猪肉生产方法，可概括为四句话："唐朝"（土猪）猪种，野放野养，1年以上饲养期，采食五谷杂粮等天然饲料长大。

通过品种、饲料、饲养方式和饲养时间的设定，使猪肉富集营养和风味物质，肉质香嫩可口，达到优质猪肉标准。

第七章

猪病的检查和仔猪去势

第一节　猪的保定和临床检查

一、猪的保定

1. 绳套保定法

如图 7-1 所示,在绳的一端打一活结套,放在猪的鼻端使其下滑,待猪张口或咬绳时,趁机将绳套套在上颌上,并立即拉紧,由一人始终拉紧保定绳的另一端,或将其拴在木桩上。至此,猪多呈用力后退姿势,但是很快可趋于安静并保持站立姿势。

图 7-1　猪的绳套保定法

2. 提举保定法

如图 7-2，图 7-3 所示，抓住两耳或两后肢并用力提起，同时用两腿夹住胸、腹及背部。此法主要用于中、小猪，适用于口腔用药、灌肠。

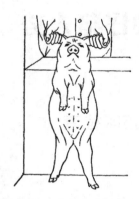

图 7-2　猪耳直立保定法

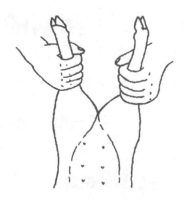

图 7-3　猪提举后肢保定法

3. 网架保定法

如图 7-4 所示，在两根粗细适当、较为结实的木棍、竹竿或钢管上，用绳编织成绳网，即保定网。用时将其平放在地上，将猪赶上网架，迅速将网架抬起，即可保定。也可将网架的两端放在凳子或专

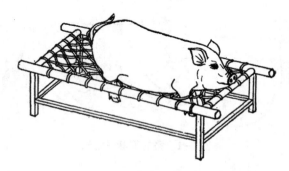

图 7-4　猪网架保定法

用的支架上。此时，由于猪的四蹄离地，无法用力，所以比较安静。此法对中、小猪适宜，必要时也可用于大猪。

4. 保定架（夹板）保定法

如图7-5所示，特制的保定架，其上方由两块长方形板材围成三角槽床，根据需要可将猪背部或仰卧放于槽内，必要时另加四肢的辅助保定。

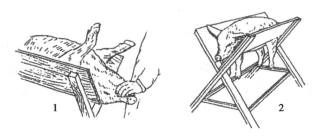

图7-5　猪保定架保定法

5. 横卧保定法

如图7-6所示，对经产母猪的阉割、大的手术及复杂的外科处理时，多需要横卧保定。即抓住猪耳、尾或后肢，将其横卧；也可同时用脚踩住猪蹄，用膝部压住猪背腰部，使猪几乎动弹不得。必要时将其四肢用绳拴住，则更为牢固。

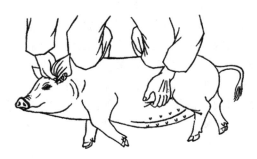

图7-6　猪横卧保定法

二、猪的临床检查

1. 群体检查

一般应采用"三观一检"的方法。"三观"就是从静态、动态、饮食状态三方面进行观察检查;"一检"即从猪群检查中剔出病猪进行个体检疫。在"三观一检"中,"一检"是主要的。

(1) 静态检查。

猪群在圈舍或车船中休息时,可以进行静态观察。检查人员要静悄悄地接近猪群,切勿惊动。检疫人员可站立在能清楚地观察到猪的外貌状态的位置,观察猪只在安静状态中的各种表现。健康猪的表现:猪休息时多侧卧,头平着地,四肢伸开。爬卧时姿势自然,后腿屈曲在腹下。站立平稳,拱寻食物,经常发出哼哼声,呼吸深长均匀。被毛整齐有光泽,无眼眵。精神活泼,一有生人接近,警惕地凝视周围。病猪的表现多精神沉郁,离群,不断呻吟。有的单独站立。吻突触地闷哑无声。有的全身颤抖,被毛粗乱无光泽,低头夹尾,有的呼吸困难、促迫,咳嗽;严重的呈犬坐姿势。病猪有眼眵,鼻端干燥,肛门和尾部粘有粪污。有生人接近时,反应迟钝或无力观看。

(2) 动态检查。

在驱赶或圈舍放出喂饲、运动时,进行动态观察。检查人员立于圈舍或猪活动场边观察猪只动态表现。

健康猪的表现:精神活泼,起立敏捷,四肢直立踏地。行动灵活,步样平稳,两眼前视,摇头摆尾轻松地随群前进。起卧或行动中常排粪尿,粪软尿清,排泄姿式正常。

病猪的表现:精神沉郁,不愿起立,有的站立不稳。行动迟缓,步样僵直,走路摇摆,低头夹尾,弓腰曲背,眼窝下陷,腹上卷,跛行、掉队。喘气、咳嗽,叫声嘶哑,粪便干燥或水样,有的粪便附有黏液或血液,尿发黄而黏稠。

(3) 饮食状态检查。

健康猪的表现:猪只饥饿时叫唤,争先恐后抢吃食。嘴巴伸入食槽底、大口吞食，发出有节奏、清脆的吱嘎声。吃食有力、两耳及鬃毛震动，尾巴自由甩动，时间不长腹部即圆满，离槽自由活动。

病猪的表现：反应迟钝懒上槽，有的上槽吃食无力，两耳鬃毛不震动，吃上几口就退槽。有的只用鼻子嗅而不吃；有的只饮稀汁不吃干食；有的猪睡在食槽中，大部分都肷部塌陷；有的猪有呕吐，咽下困难，流口水等。

2. 个体检查

从猪群体检疫中检出的病猪和疑似病猪，要逐头进行系统的检查。主要检查猪瘟、猪丹毒、猪肺疫、猪口蹄疫、猪传染性水疱病、猪支原体肺炎、猪副伤寒、猪流行性感冒、猪传染性胃肠炎等传染病和其他普通疾病。常见的几种猪传染病体温都升高，所以先用体温计测温。但同时也应注意一些普通疾病如肺炎、肠炎等病，也出现体温升高的现象。有些传染病如布氏杆菌病、猪支原体肺炎有时体温并不高。因此，在工作中除对可疑患病猪进行测温，还应和其他临床症状检查、变态反应等诊断结合起来加以判断。

病猪的表现：倦怠、疲劳、嗜眠、喜卧懒动、潜伏垫草下，怕冷；耳根颈部、下腹部和四肢内侧有暗红色出血点；眼结膜发炎，有黏性或脓性眼眵；呼吸促迫、行动摇摆不稳或跛行，阉猪（公猪）阴鞘内有恶臭液体，排粪硬结或下痢，混有黏液或血液。表现上述症状的，有可能是猪瘟。呼吸困难、咳嗽，并发喘鸣，鼻有泡沫或流黏稠液体，咽喉部肿胀，胸壁有压痛，犬坐姿势，下腹部有大片红紫色斑点，有可能是猪肺疫。颈、胸、背和四肢等处有大小不同的圆形、方形、菱形的红色疹块，边缘凸起，手指按压时褪色，手指移开时复原；慢性的，体躯消瘦或后肢麻痹，可疑为猪丹毒。跛行、鸣叫、流涎、蹄部、口腔黏膜有水疱，烂斑或出血，并且在同群猪中有较多同样症状的病猪，可怀疑为猪口蹄疫或猪传染性水疱病。头部、颈部、耳肿胀，可疑为喉头炎。呼吸次数增多达50多次或更多，呼吸困难，犬坐姿势，体温并不升高，胸部有压痛，可疑为猪支原体肺炎。呼吸困难，排泄带恶臭的液状粪便，并混有黏液或血液，可怀疑为慢性猪瘟或肠炎。被毛粗乱，无光泽、消瘦，可视黏膜苍白，多为寄生虫病。

第二节　猪的给药方法

一、拌料或掺水内服

将药物按规定量拌入饲料或掺入饮水中，让其自由服用。注意所用药物应无特殊气味。

二、经口灌服

当病猪无食欲或药物有特殊气味时，常采用此法。将猪适当保定，用一根细木棍卡在猪嘴内，使猪口腔张开，将药液倒入一斜口细竹筒内（或用小匙），从猪舌侧面靠腮部徐徐倒入药液，使猪自由吞咽。如猪含药不咽时，可摇动木棍促使咽下。要特别注意有间歇、少量、慢灌的原则。防止过急或量多，药液呛入气管，引起异物性肺炎或窒息死亡。

三、灌肠

向直肠注入大量的药液、营养液或温水，直接作用于肠黏膜，使药液、营养液被吸收或排出宿粪，以及除去肠内分解产物及炎性渗出物，达到治疗疾病的目的。

四、皮下注射

将药液注射到皮肤与肌肉之间的疏松组织中，靠毛细血管的吸收而作用于全身。由于皮下有脂肪层，吸收较慢，一般 5 ~ 15 分钟产生药效，注射部位多为猪的耳根后部、腹下或股内侧。

五、肌内注射

将药液注入肌肉内，因肌肉内血管丰富、吸收快。注射部位多为猪的颈部或臀部。

六、静脉注射

静脉注射是将药液直接注入静脉血管内，使药液迅速发挥作用。注射部位多为耳静脉。

七、腹腔注射

将药液注射到腹腔内，这种方法一般在耳静脉不易注射时采用。注射部位大猪在腹肋部，小猪在耻骨前缘下 3~5 厘米中线侧方。

八、气管注射

将药液直接注射到气管内，注射部位在气管的上 1/3 处。适用于肺部驱虫及治疗气管和肺部疾患。

第三节　仔猪去势术

凡不留种用的仔猪，均应早期去势。去势时间一般为：公猪 20~30 日龄，母猪 30~40 日龄，仔猪体重 5~10 千克。早期去势，不仅伤口愈合快，手术简便，对仔猪造成的损伤较小，而且去势后能加速仔猪的生长。

一、小公猪的去势

用右手提起仔猪右后腿，左手抓住右侧膝前皱襞，使仔猪左侧卧地，背向术者，再用左脚踩其头颈部，右脚踩住尾根；左手紧握睾丸阴囊将睾丸固定住。常规消毒后，右手持劁猪刀切开 1 个睾丸的皮肤和实质，挤出睾丸，分离睾丸韧带，使精索充分露出，用边捋边捻转的办法摘除睾丸，再于原切口处切开阴囊中隔和另一个睾丸实质，用上述同样的方法摘除另一个睾丸，最后消毒，并在伤口处撒一些消炎粉，创口一般不缝合。

如果仔猪患有赫尔尼亚（气蛋），要在肠管复位的基础上，左手捏住睾丸，小心切开阴囊皮肤，挤出包有总鞘膜的睾丸，边捻转边向外拉，最后在接近腹股沟管外环处将总鞘膜和精索穿线结扎，在结扎线外方1厘米切除睾丸，撒上消炎粉。

如果仔猪患有隐睾（腰蛋），要在牢固保定的基础上切开膁部，由前向后沿肾脏后方到骨盆腔内寻找睾丸，将其取出，捻转折断或结扎精索摘除睾丸，缝好腹膜、肌肉、皮肤，撒上消炎粉。

二、小母猪的去势

用左手提起仔猪的左后腿，右手捏住左侧膝前皱襞，使仔猪头在术者右侧，尾在左侧，背向术者，猪体右侧卧地。再用右脚踩住仔猪的颈头部，令其左后腿向后伸展，使仔猪后躯呈半仰卧姿势，左脚踩住左后腿关节下方蹬于地面上。在左侧髋关节至腹白线的垂线上，距左侧乳头（倒数第2个乳头处）2厘米处用碘酊消毒后，用左手拇指在此处垂直用力下压，同时右手持劁猪刀尖顺拇指垂直刺入，在切开口的同时，左手拇指微抬、右脚用力踩猪，既防刀尖刺伤脊柱两侧动脉，又使仔猪尖叫用力，以增加腹内压力，促使子宫角随刀口跳出。如果没有跳出，可用右手拇指协同左手拇指以挫切式用刀往下按压，使子宫角跳出。如果仍没有跳出，可将刀柄伸入腹腔拨动肠管，将子宫角挑出（似乳白色面条）。待子宫角跳出或排出后，右手立即捏住，用左右食指第一、二指节背面在切口处用力压腹壁，以双手拇指、食指互相交替捻动，轻轻将子宫角、卵巢和部分子宫体拉出，在靠子宫颈处将子宫体捏断或挫断，于刀口处撒些消炎粉，不必缝合。最后，提起仔猪后腿将其摆动或拍打腹部而放走。

第八章

猪常见病的诊断与防治

第一节　建立防疫体系

我国养猪业越来越趋向于现代化、规模化，具有数量多、饲养密集、周转快、与市场交往频繁、生产工艺先进和有较完整的养猪技术的特点。因此，建立现代的防疫体系，对于防治常见传染病有着非常重要的作用。

一、搞好防疫

规模化养猪场是利用有效空间进行大规模猪只生产，具有猪只数量多、密度大等特点，制订科学合理的防疫方案，是规模养猪场能够健康发展，保证经济效益的关键技术之一。如果没有科学严格的防疫方案和制度，一旦病原侵入，便会出现高速繁殖、急剧散播，引起疫病暴发，后果不堪设想。因此，规模化养猪场必须坚持"预防为主，防重于治"的方针，根据当地猪病的具体流行情况、本场猪群的疾病情况和各种疫苗的性能来制定一整套行之有效的卫生防疫综合措施，并按免疫程序进行预防接种，做到头头注射，个个免疫，使猪保持较高的免疫水平，使规模养猪场生产持续、稳定、健康的发展。

二、加强饲养管理

应根据猪的不同生理、生长阶段，进行科学饲养管理，以保证猪的正常发育和健康，防止营养缺乏病。同时，要搞好环境卫生，保持猪舍清洁卫生、通风良好，冬天能防寒保暖，夏天能防暑降温，这样既有利于猪的生长，又可减少疫病的发生。

三、定期进行消毒

消毒是养猪场切断传染病传播、防止传染病发生和蔓延的重要手段，规模养猪场一定要树立全面、全程、彻底、不留空白的消毒观念，建立严格科学的消毒制度。消毒是贯彻"预防为主"方针的一项重要措施，目的是消灭被传染源散播于外界环境中的病原体，以切断传播途径，阻止疫病继续蔓延。选择低毒、高效、广谱的消毒药物定期对场内外进行严格的消毒，对进出场的人员、车辆等也要做到消毒严格，严防疫病的传入。通过选择合适的消毒药物和消毒方法、消毒工具，认真做好消毒，使每一次消毒都取得实际效果。常用的消毒药有来苏尔、福尔马林、过氧乙酸、火碱、漂白粉等。消毒方法有喷洒、浸泡、熏蒸等。

四、做好预防保健

在传统养猪时代，各类急性传染病一直是养猪业的"头号杀手"，随着科学的发展，各类传染病病原的确定、疫苗和抗生素的研制与应用以及各种净化措施的到位实施，这些威胁养猪生产的"杀手"基本得到了有效控制。蓝耳病、圆环病毒病、呼吸道和消化系统病、寄生虫病成为当今养猪业的"主要杀手"，慢性消耗性猪病带来的损失，也是当前养猪经济损失最大的。现代养猪就是要从传统养猪的有病治病转向预防保健，特别是规模养猪场要定期在猪的饲料和饮水中添加抗应激等预防保健药物，提高猪只的抗病能力，减少疾病的发生和传播。

五、定期进行驱虫

驱虫是预防和治疗寄生虫病，消灭病原寄生虫，减少或预防病原扩散的有效措施。选择驱虫药的原则是高效、低毒、广谱、低残留、价廉。常用的驱虫药有伊维菌素、阿维菌素、左旋咪唑、丙硫苯咪唑等。驱虫时，要严格按照所选药物的说明书规定的剂量、给药方法和注意事项等使用。

第二节 传染病的诊断与防治

一、猪瘟

1. 流行特点

仅猪发病，不同品种、性别、年龄的猪都可感染，经消化道感染，怀孕母猪可通过胎盘感染胎儿，造成死胎弱胎。猪群受传染后，先1头或几头发病并呈急性死亡，以后病猪不断增加。1~3周达到流行高峰，经1个月左右流行终止。

2. 临床症状

最急性型：病猪常无明显症状，突然死亡，一般出现在初发病地区和猪瘟流行初期。

急性型：病猪精神差，发热，体温在40~42℃，呈现稽留热，喜卧、弓背、寒战及行走摇晃。食欲减退或废绝，喜欢饮水，有的发生呕吐。结膜发炎，流脓性分泌物，将上下眼睑粘住，不能张开，鼻流脓性鼻液（图8-1）。初期便秘，干硬的粪球表面附有大量白色的肠黏液，后期腹泻，粪便恶臭，带有黏液或血液，病猪的鼻端、耳后根、腹部及四肢内侧的皮肤及齿龈、唇内、肛门等处黏膜出现针尖状出血点，指压不褪色，腹股沟淋巴结肿大。公猪包皮发炎，阴鞘积尿，用手挤压时有恶臭浑浊液体射出。小猪可出现神经症状，表现磨牙、后退、转圈、强直、侧卧及游泳状，甚至昏迷等。

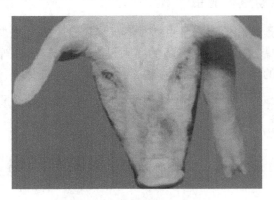

图 8-1　急性型病猪眼出现结膜炎

　　慢性型：多由急性型转变而来，体温时高时低，食欲不振，便秘与腹泻交替出现，逐渐消瘦、贫血，衰弱，被毛粗乱，行走时两后肢摇晃无力，行走不稳（图 8-2）。有些病猪的耳尖、尾端和四肢下部呈蓝紫色或坏死、脱落，病程可长达一个月以上，最后衰弱死亡，死亡率极高。

图 8-2　慢性型病猪消瘦贫血

温和型：又称非典型，主要发生较多的是断奶后的仔猪及架子猪，表现症状轻微，不典型，病情缓和，病理变化不明显，病程较长，体温稽留在40℃左右，皮肤无出血小点，但有淤血和坏死，食欲时好时坏，粪便时干时稀，病猪十分瘦弱，致死率较高，也有耐过的，但生长发育严重受阻。

3. 解剖变化

皮肤、黏膜和内脏器官广泛出血，腹腔淋巴结明显充血肿大，呈暗红色，切面多汁，呈大理石样，肾、膀胱、脾脏表现有出血点，喉头有出血点，慢性在回肠、盲肠、结肠处黏膜上有纽扣状溃疡。

4. 诊断

根据临床症状和解剖变化可做出初步诊断。确诊可用免疫荧光抗体检查、酶标记组织抗原定位法、兔体交互免疫试验、血清中和试验、猪瘟单克隆抗体纯化、酶联免疫吸附试验等方法之一进行。

5. 防治

防治猪瘟目前尚无特效药物。

本病防治主要靠免疫接种和综合防治措施。免疫接种可采用超前免疫方案，即在仔猪吃初乳前进行首次接种1~2头份，以后在20日龄、60~65日龄各注射一次；种猪每年春秋各免疫一次。发生疫情后，对疫区和受威胁区采用紧急接种，剂量增加至2~5头份。综合性防治措施主要是采取自繁、自养，保持环境卫生。

二、猪口蹄疫

1. 流行特点

猪、牛、羊等偶蹄动物均可发病，人也能被感染，潜伏期为1~2天，人感染后潜伏期可长达1年以上。病猪和带毒猪是主要传染源，病毒存在于病猪的水疱液、水疱皮及发热期的血液中，通过直接或间断接触感染，经消化道、呼吸道、破损的皮肤、黏膜以及交配等途径传播，被污染的饲料、饮水、用具及蚊虫叮咬也可传播，流行迅速。新疫区发病率可高达100%，无明显季节

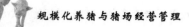

性，但以冬、春季节多发。

2. 临床症状

初期体温升高到 40~41℃，减食或停食，继而病猪蹄冠、趾间部发红，以后形成黄豆、蚕豆大小充满灰白色或黄色液体的水疱，水疱破溃后形成暗红色烂斑，病程为 1 周左右，无继发感染可康复，若继发细菌感染，则会出现局部化脓性坏死，蹄甲脱落（图 8-3）。有些猪感染后鼻镜、口腔黏膜和乳房也出现水疱和烂斑。仔猪感染后，常因严重的心肌炎和胃肠炎而死亡。

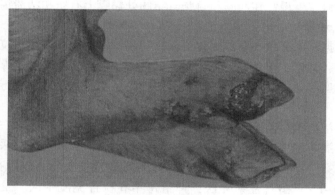

图 8-3　蹄冠的溃疡出血

3. 解剖变化

主要见于蹄冠、趾间、鼻盘、口角发生水疱或糜烂。仔猪的心肌脂肪变性，切面呈大理石样，俗称"虎斑心"。

4. 防治

老疫区和受威胁区可用灭活疫苗预防，肌肉或后海穴注射，大猪 2 毫升，小猪 1 毫升。平时要加强检疫，发现疫情及时上报。按国家《动物防疫法》规定，病猪和同群猪一律捕杀做无害化处理，不准治疗，并严格封锁疫区，加强消毒，防止扩散。

三、猪丹毒

1. 流行特点

本病主要感染 3 ~ 12 月龄猪，夏、秋季节多发，常呈地方性流行。黄曲霉毒素的隐性中毒、环境和应激因素等可提高猪的易感性。主要通过消化道感染，也可通过皮肤创口、蚊虫叮咬传播感染。人经损伤的皮肤感染后可得丹毒病。

2. 临床症状

急性败血型：体温升高达 42℃ 以上，个别猪不现症状突然死亡，其他病猪表现发抖、呕吐，皮肤有红斑，指压褪色，病程 3 ~ 4 天，致死率达 80% ~ 90%，不死者就转为慢性。刚断奶小猪为突然发病，现精神症状，抽搐，倒地而死亡，病程在一天之内。

亚急性疹块型：体温升高 41℃，病情缓和，病后 2 ~ 3 天在背、颈、胸、腹、四肢外侧等处皮肤出现大小不等、形状不一的疹块（图 8-4），初为红色、指压褪色，后为紫红色，指压不褪色，这时体温开始下降，病情减轻，数日后，最多两周，病猪自行康复。

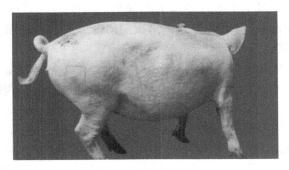

图 8-4　亚急性疹块

慢性关节炎型：由前两者转变而来，也有原发的，主要表现为慢性关节炎、慢性心内膜炎和皮肤坏死、四肢关节肿大，变形、疼痛、跛行，病程可达数月。

3. 解剖变化

急性型：皮肤上有红斑，全身淋巴结肿大、出血，心内外膜有出血点，心包积液，肺充血，水肿，脾、肾充血、出血，肝肿大，呈红棕色，消化道有卡他性炎症。

亚急性型：皮肤上有特异性疹块。

慢性型：在心瓣膜上形成菜花样疣状物，关节囊增厚，有时形成骨化关节。

4. 防治

预防：用猪丹毒菌苗或猪瘟、丹毒、肺疫三联苗免疫接种，每6个月免疫1次，或每年春秋季各免疫一次。

治疗：处方一，青霉素按每千克体重2万~3万单位，加地塞米松肌肉或静脉注射。1天2次，连用2~3天。处方二，黄胺间甲氧嘧啶，肌内注射1天1次，连用2~3天。

四、猪副伤寒

1. 流行特点

猪副伤寒多见于6月龄以下的仔猪，尤以2~4月龄多见，吮乳仔猪则很少发生；6月龄以上的猪很少出现原发性副伤寒，常常是猪瘟等疾病的继发病或伴发病。

本病一年四季均可发生。猪在多雨潮湿季节发病较多。一般呈散发性或地方流行性。环境污染、潮湿、棚舍拥挤、饲料和饮水供应不良、长途运输中气候恶劣、疲劳和饥饿、寄生虫病、分娩、手术、断奶过早等，均可促进本病的发生。

2. 临床症状

本病潜伏期为数天，或长达数月，与猪体抵抗力及细菌的数量、毒力有关。

临床上分急性、亚急性和慢性三型。

急性型：又称败血型，多发生于断乳前后的仔猪，常突然死亡。病程稍长者，表现体温升高（41~42℃），腹痛，下痢，呼吸困难，耳根、胸前和腹下皮肤有紫斑，多以死亡告终。病程 1~4 天。

亚急性和慢性型：为常见病型。表现体温升高，眼结膜发炎，有脓性分泌物。初便秘后腹泻，排灰白色或黄绿色恶臭粪便。病猪消瘦，皮肤有痂状湿疹。病程持续可达数周，终至死亡或成为僵猪。

3. 病理变化

急性型：以败血症变化为特征。尸体膘度正常，耳、腹、肋等部皮肤有时可见淤血或出血，并有黄疸。全身浆膜、黏膜（喉头、膀胱等）有出血斑。脾肿大，坚硬似橡皮，切面呈蓝紫色。肠系膜淋巴结索状肿大，全身其他淋巴结也不同程度肿大，切面呈大理石样。肝、肾肿大、充血和出血，胃肠黏膜卡他性炎症。如图 8-5 所示，盲结肠内有多量暗红色液体，急性卡他性出血性肠炎。

图8-5　急性卡他性出血性肠炎

亚急性型和慢性型：以坏死性肠炎为特征，多见盲肠、结肠，有时波及回肠后段。肠黏膜上覆有一层灰黄色腐乳状物，强行剥离则露出红色、边缘不整的溃疡面。如滤泡周围黏膜坏死，常形成同心轮状溃疡面。肠系膜淋巴索状肿，有的干酪样坏死。脾稍肿大，肝有可见灰黄色坏死灶。有时肺发生慢性卡他性炎症，并有黄色干酪样结节。如图 8-6 所示，为亚急性型大肠坏死，肠黏膜凝结为糠麸样伪膜。

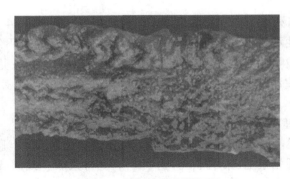

图8-6　亚急性型大肠坏死

4. 诊断

根据临床症状和病理变化可做出初步诊断，确诊需进一步做实验室诊断。

实验室诊断包括以下几项。

（1）病原检查。病原分离鉴定（预增菌和增菌培养基、选择性培养基培养，用特异抗血清进行平板凝集试验和生化试验鉴定）。

（2）血清学检查。凝集试验、酶联免疫吸附试验。

（3）样品采集。采取病畜的脾、肝、心血或骨髓样品。

5. 防治

用仔猪副伤寒弱毒菌苗，对仔猪实施免疫。平时注意自繁自养，严防传染源传入。饮水、饲料等均严格兽医卫生管理。发生本病后，病猪隔离治疗，同群未发病猪紧急预防注射。病死猪无害化处理，不可食用以防止食物中毒。

五、猪链球菌病

1. 病原及流行特点

本病是由几种主要链球菌引起的人畜共患病，其自然感染部位是猪的上呼吸道、消化道和生殖道。不同品种、性别的猪均有易感性，仔猪和架子猪发病较多。无明显季节性，一般呈地方流行性，一经传入，可在猪群内连年发生。哺乳仔猪多为败血型和脑膜炎型，发病率和死亡率都很高，架子猪多为慢性关节炎型和化脓性淋巴结炎型。

2. 临床症状

败血症型：潜伏期 1~3 天，突然发病，精神不振，体温升高至41~43℃，皮肤、耳、四肢末梢有出血斑，最急性型往往不表现症状即死亡。部分患猪出现多发性关节炎，跛行。眼结膜潮红，流泪，流鼻涕，咳嗽，呼吸浅而快，日渐消瘦，若不及时治疗，容易死亡。

脑膜炎型：不食、便秘、体温升高可达 42℃，流鼻涕，呈浆液性或黏液性。出现神经症状，盲目转圈行走，磨牙，空嚼，共济失调，甚至后肢麻痹。也有部分病猪出现关节肿大，或头、颈、背部出现水肿，指压凹陷，若不及时治疗，往往急性死亡。

淋巴结脓肿型：俗称"豆渣疱""粉疱"。多在颌下、颈部、腹部等处发生 1~2 个核桃或鸡蛋大的脓肿。有的病猪淋巴结呈现肿胀、坚硬、有热痛感，影响进食、吞咽。脓肿破溃后，流出乳白色或绿色的脓汁，脓肿外面包裹一层包膜，脓汁排尽后，肉芽增生，最后自行愈合。病程较长，为 3~5 周。

关节炎型：主要是败血型和脑膜炎型继发形成。表现为关节肿胀、疼痛、跛行，严重时不能行走、站立，只能仰卧。病程稍长，2~3 周。

3. 解剖变化

急性败血型：喉、气管充血，常见大量泡沫、肺充血肿胀，全身淋巴结肿胀、充血、出血。

脓肿型：可见局部有脓疱。

4. 诊断

根据本病的流行特点、临床症状与解剖变化可作出初步诊断，确诊应进行实验室检查。如采取脓肿、化脓灶、肝、脾、肾、血液、关节囊液、脑脊髓液及脑组织等病料进行染色镜检，细菌学分离培养及生化反应与特性鉴定等。

在临床上注意与猪肺疫、猪丹毒相区别。

5. 防治

败血型和脑膜脑炎型早期用青霉素或黄胺类药物均有较好疗效；青霉素 2 万~3 万单位每千克体重肌内注射，每天 2 次，连用 3~5 天；复方磺胺间甲氧嘧啶肌内注射，0.2 毫升/千克体重，每天 2 次，连续 3~5 天；长效土霉素肌内注射，每天 1 次，连续 2~3 次。淋巴结脓肿成熟后，切开排脓，用 3%双氧水或 0.1%高锰酸钾溶液冲洗，涂以碘酊。

六、猪肺疫

1. 病原及流行特点

本病是由多杀性巴氏杆菌引起的传染病，呈急性或慢性经过，流行形式根据猪的抵抗力和病原菌的毒力，呈地方流行和散发。夏秋季节，常与猪瘟、气喘病混合感染或继发，感染途径主要是消化道、呼吸道或吸血昆虫叮咬。

2. 临床症状

本病潜伏期 1~5 天，一般为 2 天左右。

最急性型：多见于流行初期，常突然死亡。病程稍长者，表现高热达 41~42℃，结膜充血、发绀。耳根、颈部、腹侧及下腹部等处皮肤发生红斑，指压不全褪色。最具特征症状是咽喉红、肿、热、痛，急性炎症，严重者局部肿胀可扩展到耳根及颈部。呼吸极度困难，呈犬坐姿势（图 8-7），口鼻流血样泡沫，多经 1~2 天窒息而死。

急性型：为常见病型。主要呈现纤维素性胸膜肺炎。除败血症状外，病初体温升高达 40~41℃，痉挛性干咳，有鼻漏和脓性结膜炎。初便秘，后腹泻。呼吸困难，常做犬坐姿势，胸部触诊有痛感，听诊有啰音和摩擦音。多因窒息死亡。病程 4~6 天，不死者转为慢性。

慢性型：主要呈现慢性肺炎或慢性胃肠炎。病猪持续咳嗽，呼吸困难，鼻流出黏性或脓性分泌物，胸部听诊有啰音和摩擦音。关节肿

图 8-7　猪肺疫最急性型犬坐姿势

胀。时发腹泻，呈进行性营养不良，极度消瘦，最后多因衰竭致死，病程 2~4 周。

3. 解剖变化

最急性型：全身黏膜、浆膜和皮下组织有大量出血点，最突出的病变是咽喉部、颈部皮下组织出血性浆液性炎症。切开皮肤时，有大量胶冻样淡黄色水肿液。全身淋巴结肿大，呈浆液性出血性炎症，以咽喉部淋巴结最显著。心内外膜有出血斑点。肺充血、水肿。胃肠黏膜有出血性炎症。脾不肿大。

急性型：有肺肝变、水肿、气肿和出血等病变特征，主要位于尖叶、心叶和膈叶前缘。病程稍长者，肝变区内有坏死灶，肺小叶间有浆液浸润，肺炎部切面常呈大理石状。肺肝变部的表面有纤维素絮片，并常与胸膜粘连。胸腔及心包腔积液。胸部淋巴结肿大，切面发红、多汁。支气管、气管内有多量泡沫样黏液，气管黏膜有炎症变化。

慢性型：肺有较大坏死灶，有结缔组织包囊，内含干酪样物质，有的形成空洞。心包和胸腔内液体增多，胸膜增厚、粗糙，上有纤维絮片与病肺粘连。无全身败血病变。

4. 诊断

根据流行病学、临床症状和剖检变化可作出初步诊断，确认须经

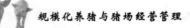

病原学诊断。

5. 防治

预防：每年春、秋二季定期注射猪肺疫氢氧化铝苗或猪三联苗免疫接种。

治疗：应将病猪隔离治疗。处方一：恩诺沙星肌内注射，每天1~2次，连用3天；处方二：青霉素、链霉素按每千克体重1万~3万单位混合肌内注射，每日2次，连用3天；处方三：土霉素或黄胺类药物肌内注射，每日2次，连用3天。

七、猪气喘病

1. 病原及流行特点

猪气喘病是由支原体肺炎球菌引起的一种慢性传染病。各种年龄的猪均易感，哺乳仔猪多发，潜伏期长，病猪和带菌猪是主要传染源，经呼吸道而感染，多为慢性经过，新疫区可呈急性暴发，冬、春季节多发。

2. 临床症状

以咳嗽和喘气为特征，早晨和晚上最为明显，初为单咳，严重时呈痉挛性咳嗽，明显呈腹式呼吸。一般体温、精神、食欲正常，若继发感染则病情加剧，病程达2~3个月。

3. 解剖变化

肺尖叶、心叶、中间叶及隔叶前缘呈左右对称的"肉样"或"虾肉"样实变，肺门淋巴结和纵隔淋巴结显著肿大，质硬，断面呈黄白色。

4. 诊断

根据流行病学、临床症状可做出初步诊断，确诊须经血清学检查。

5. 防治

预防：搞好猪舍环境卫生，保证舍内空气质量，专业养殖场每年春、秋季可用弱毒疫苗免疫接种。

治疗：处方一，恩诺沙星肌内注射，每天 1~2 次，连用 3 天；处方二，泰乐菌素肌内注射，每天 2 次，连用 7 天；处方三，泰乐菌素、林可霉素、土霉素拌料或饮水。

八、猪大肠杆菌病

猪大肠杆菌病是由大肠杆菌引起的肠道传染性疾病，主要侵害仔猪和断奶后的小猪，常引起严重腹泻，脑水肿，生长缓慢和死亡。由于病原菌的类型不同和猪的月龄，个体差异，发病率和症状也不同，主要分为三种：即仔猪黄痢、白痢和猪水肿病。

1. 仔猪黄痢

（1）流行特点：发生于一周内仔猪，以 1~3 日龄的仔猪多见，带菌母猪是主要传染源，经消化道感染，发生无季节性，死亡率可达 90%以上。

（2）临床症状：仔猪出生后 12 小时内突然 1~2 头出现衰弱、昏迷、很快死亡。接着有的仔猪出现拉黄色稀粪（图 8-8），很快变成水样，具腥臭味，每小时数次，严重时肛门松弛，排粪失禁，清瘦、脱水，眼球下陷，昏迷死亡。

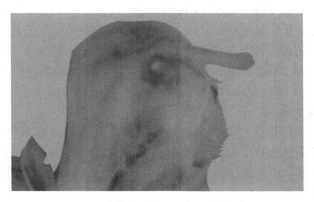

图 8-8　仔猪黄痢病猪肛门周围的黄色稀粪

（3）解剖变化：皮肤苍白，肠道黏膜充血、出血，以十二指肠显著。

（4）根据以上资料可确诊。

（5）防治：预防可用双价基因工程菌苗口服免疫怀孕母猪，或用三价灭活菌苗注射母猪，均于临产前15~30天免疫。治疗：处方一，痢菌净、肌内注射一次；处方二，氯霉素肌内注射，每日2次，连用2~3天；处方三，止痢精，按常规用量，背部皮肤擦试；处方四，盐酸环丙沙星片，痢特灵片或磺胺甲基嘧啶片口服，每日2次连用3天。

2. 仔猪白痢

（1）流行特点：常发生于10~30日龄的仔猪，以20日龄以内仔猪多见，日龄越小，死亡率越高，发病与外界环境相关，如气候突变、多雨潮湿、饲料变质或突然变换饲料，以及母乳缺乏或过浓，都可促进该病的发生。

（2）临床症状：仔猪排乳白色或灰白色稀粪，呈浆糊状，具腥臭味，病情加重则表现结膜、皮肤苍白，机体脱水消瘦，最后衰竭而死亡。

（3）解剖变化：胃肠内容物浆状白色或灰白色，常含有气泡。无其他明显变化。

（4）防治：预防主要是掌握母猪配种季节，避免过热和过冷季节产仔。同时加强母猪和仔猪的饲养管理，搞好猪舍环境卫生工作。治疗：参照仔猪黄痢治疗方法。

3. 猪水肿病

（1）流行特点：该病是由致病性大肠杆菌释放毒素所致，多发生于断奶后健壮的仔猪，经猪接触饲养用具传播，经消化道感染，呈散发，有时呈地方流行，一年四季均可发生，但多见于寒冷、气候突变和阴雨季节。

（2）临床症状：特征性症状是眼睑、头、颈和前肢皮下水肿，明显的神经症状，共济失调，运动强拘，转圈，全身发抖，叫声嘶哑，最后身躯麻痹，昏迷死亡，病程 1~2 天。

（3）解剖变化：主要病变是水肿，多见于眼睑、头、颈部，胃大弯、贲门及胃底部水肿，在胃黏膜及肌层间有一层透明或茶色、淡红色胶冻样物，水肿有时也见于结肠系膜、肠系膜淋巴结、胆囊与喉头等部。

（4）诊断：根据以上资料可初步诊断，确诊需要分离细菌作血清学鉴定。

（5）防治：预防主要是加强饲养管理，饲料中及时补给硒与维生素 E；规模化养猪场可定期用猪水肿病多价灭活油乳剂苗接种。治疗：早期治疗有一定疗效，病初用硫酸镁或硫酸钠 15~25 克内服，以排出毒素。同时用恩诺沙星加速尿（药名，又名呋喃苯胺酸）肌内注射；磺胺甲噁唑加甲氧苄啶配合亚硒酸钠-维生素 E 注射。并对症治疗，机体脱水和虚弱时应及时补液、强心。

九、破伤风

1. 流行特点

各种家畜均有易感性，其中以单蹄动物较易感染，偶蹄动物次之，肉食动物在例外的情况下受害，禽类有很强的抵抗力，人的易感性较高。主要是通过深度创伤感染，也可能通过消化道黏膜损伤感染，散发无季节性。

2. 临床症状

主要临床表现肌肉强直性痉挛及对外界刺激反应性增高，肌肉痉挛常从头部开始，再及颈、背，最后全身。叫声尖细、瞬膜外露、牙关紧闭，流涎，四肢僵硬，行走困难，最后全身痉挛，角弓反张，倒地不起，呼吸衰竭而死亡，病程 3~5 天，死亡率高。如图 8-9 所示，为强直性痉挛症状。

3. 解剖变化

无特殊有诊断价值的病理变化。

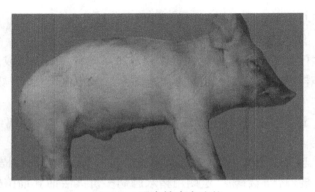

图8-9 强直性痉挛症状

4. 诊断

根据特有的临床症状,应激性增高,肌肉强直性痉挛,体温正常,结合创伤史可以确诊。对经过较缓慢的病例应注意与急性肌肉风湿、马钱子中毒相混诊,急性肌肉风湿无应激性增高反应,马钱子中毒肌肉痉挛有间歇期,发病快。

5. 防治

预防:在该病多发地区,用破伤风类毒素进行接种,平时注意外科手术创伤消毒。

治疗:首先要对创伤进行处理,排出异物,扩创、消毒,然后进行药物治疗。方法为如下。

(1) 中和毒素:选用破伤风抗毒素,肌内注射,3天一次,连续3次,首次量为常规用量的6~8倍。

(2) 缓解症状,可用25%硫酸镁或盐酸氯丙嗪静脉或肌内注射,每日一次,直至痉挛缓解。当牙关紧闭,开口困难时可用3%普鲁卡因10毫升,0.1%肾上腺素0.6~1.0毫升,混合注入咬肌。

(3) 加强护理,注意保持环境安静,严重流涎时,应将猪头部放低,使其自然流出,以防窒息死亡。

十、狂犬病

1. 流行特点

狂犬病又称恐水病，俗称疯狗病，是人畜共患传染病，所有温血动物都有易感性，该病的传播方式是由患畜咬伤直接接触感染。

2. 临床症状

特征是神经兴奋和意识障碍，局部或全身麻痹，潜伏期较长。猪发病后兴奋不安，横冲直撞，叫声嘶哑，流涎，常攻击人。兴奋间歇期常钻入垫草中，稍有响动，即一跃而起，无目的地乱跑。最后出现麻痹症状而死亡，病程 2~4 天。

3. 解剖变化

无肉眼可见的特征性病变。

4. 防治

凡确诊为狂犬病的动物应及时捕杀作无害化处理，疫区和受威胁地区用狂犬疫苗接种。凡被患狂犬病或可疑狂犬病的动物咬伤的家畜，应对伤口彻底消毒处理，最好使伤口多流血，然后用 20% 肥皂水或 0.1% 升汞或 5% 碘酊等消毒处理，有条件的及时用狂犬疫苗接种。

十一、猪痘病

1. 流行特点

常发生于 4~6 周龄幼猪，断奶小猪也能够感染，成年猪抵抗力强，主要通过皮肤接触和蚊虫叮咬传染，常呈地方流行，猪舍潮湿、卫生不良时流行较严重。

2. 临床症状

本病的主要特征是皮肤上出现痘疱，其经过为发疹、丘疹、水疱、脓疱，最后形成痂皮而痊愈（图 8-10）。这些感染猪痘病毒和痘苗病毒时，两者几乎不能区别。

病初患病猪体温升高，精神不振，食欲减退，鼻眼有浆液性分泌物，以后在鼻盘、眼皮、肢内侧及下腹部等被毛稀少的部分出现深红色的结节，突出于皮肤表面，略呈半球状，表面平整（为发疹期），然后逐渐变大，形成水疱（水疱期）。之后水疱中心呈褐色至茶褐色，周围呈红色的脓疱（脓疱期）。自然病例几乎观察不到水疱。最后，病灶表面凝固，形成暗褐色痂皮（结痂期）。痂皮脱落后，遗留白色疤痕而痊愈（痊愈期）。若病变部发痒时常摩擦致使痘疹破裂，有浆液或血液渗出，局部黏附泥土、垫草，结成厚痂使皮肤如皮革状，病程因此可延长。发病猪几乎不死亡，但若有重度细菌感染和环境恶化时可出现死亡。

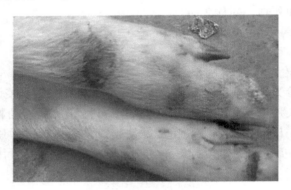

图 8-10　出现深红色的结节

3. 诊断

临床诊断：体表的痘疹是典型的表现，其经过为发生丘疹、水疱、脓疱、结痂痊愈，并结合发病日龄、发病季节等流行病学资料，就能作出初步诊断。同时应注意与湿疹等相似皮肤性疾病区别。确诊须进行实验室检查。

病毒学诊断：猪痘病毒只能在同源细胞中经过多次的适应继代以后，才可产生细胞病变，痘苗病毒在猪源细胞外的细胞上也能发育，产生典型的细胞病变。痘苗病毒在发育鸡胚尿囊膜上形成痘斑，对鸡红细胞有凝集性。

动物试验：猪痘病毒仅使猪发痘；痘苗病毒在鸡、家兔皮肤感染试验中，接种处可产生典型的痘，猪痘病毒则不能。

4. 防治

平时注意猪舍的清洁卫生工作和杀灭外寄生虫工作，发生该病后应注意消毒。治疗上主要进行局部和对症治疗，皮肤疹块用 0.1% 高锰酸钾洗涤，再涂以碘甘油或 3% 龙胆紫溶液，当有继发感染时应用抗生素治疗。

十二、猪布氏杆菌病

1. 病原及流行特点

该病是由布鲁氏杆菌引起的一种慢性传染病，且可经猪传染给人，病菌主要侵害猪的生殖器官，引起母猪流产、公猪发生睾丸炎。在自然情况下，牛、羊、猪均易感，母畜较公畜易感性高，成年畜较幼畜易感性高。病畜及带菌动物是主要传染源，经消化道和交配感染（图 8-11）。

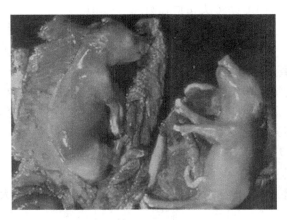

图 8-11　猪布氏杆菌病

2. 临床症状

潜伏期长短不一，短的 2 周，长的可达数年，临床上主要表现为母猪流产，多发生在怀孕前期或后期，产出胎儿为死胎或弱胎，公猪患病常表现关节炎、睾丸炎及附睾炎，关节肿胀疼痛，睾丸及附睾无痛肿大。

3. 解剖变化

因患畜多无死亡，应从胎儿解剖及胎衣变化鉴别。胎衣呈黄色胶样浸润，有的增厚杂有出血点，绒毛膜的间隙中有灰色或黄绿色胶样分泌物。

4. 诊断

流产胎儿胎衣的病理变化，有助于诊断，确诊需通过实验室诊断。

5. 防治

目前治疗无特效药，应以预防为主，坚持自繁自养，引进种猪要严格产地检疫。畜群中如发现无明显原因的流产，应隔离流产畜和消毒流产环境，并尽快做出诊断。该病多发地区，每年应定期预防接种。因该病是人畜共患传染病，用于接种的菌苗对人有一定的病原性，预防接种时，防疫人员应做好自我保护。

十三、猪流行性感冒

1. 病原及流行特点

病原为流感甲型病毒，是猪的一种急性、高度接触性传染病，各品种不同年龄、性别的猪均易感染，常突然发病，暴发流行整个猪群，传染源是病猪和隐性带毒猪，主要通过呼吸道传染。多发生于气候突变的晚秋和早春以及寒冷的冬季。

2. 临床症状

潜伏期为几小时到数天，猪只突然发病，1~3天内大批猪发病。猪体温突然升高，可至 40~42℃，最高可达 43℃。病猪精神沉郁，食欲降低或废绝，常挤卧在一起，肌肉关节痛、不愿活动，呼吸急促困难，咳嗽，眼分泌物增多，眼结膜潮红，从鼻孔流出清水或浓稠鼻涕，部分猪口腔有白色分泌物（白沫）流出。

3. 解剖变化

鼻、喉、咽、气管和支气管黏膜充血肿胀，气管内有大量黏液状混血泡沫；肺病变区与周围正常区域界限分明，切面如鲜牛肉状，病变部位通常限于尖叶、心叶和中间叶，呈不规则的对称；肺膨胀不全，稍凹陷，周围组织有气肿，呈苍白色，肺门和纵隔淋巴结显著肿大，切面多汁；肺尖叶、心叶及副叶呈深紫红色，有血样浸润病灶；脾轻度肿大；心包蓄积含纤维素的液体；部分患猪胃肠黏膜发生卡他性炎症，十二指肠充血明显。

4. 诊断

根据流行情况、临床症状和病理变化可以作出诊断。可应用血凝抑制试验检测猪流感抗体，抗体滴度等于或低于 1∶20 被认为阴性；抗体滴度大于或等于 1∶40 则认为是阳性。必要时可进行动物接种试验。

5. 防治

预防：

（1）可用消毒剂消毒被污染的栏舍、工具和食槽，防止本病扩散蔓延。同时用无刺激性的消毒剂定期对猪群进行带猪喷雾消毒，以减少病原微生物的数量。

（2）在疫病多发季节，应尽量避免从外地引进种猪，引种时应加强隔离检疫工作，猪场范围内不得饲养禽类，特别是水禽。

（3）防止易感染猪和感染流感的动物接触，如禽类、鸟类及患流感的人员接触。本病一旦暴发，几乎没有任何措施能防止病猪传染其他猪。

（4）尽量为猪群创造良好的生长条件，保持栏舍清洁、干燥，特别注意冬春、秋冬交替季节和气候骤变，在天气突变或潮湿寒冷时，要注意做好防寒保暖工作。

（5）猪流感危害严重的地区，应及时进行疫苗接种。

治疗：

（1）可选用柴胡注射剂（小猪每头每次 3~5 毫升，大猪 5~10

毫升），或用 30% 安乃近 3~5 毫升（50~60 千克体重），复方氨基比林 5~10 毫升（50~60 千克体重），青霉素（或氨苄西林、阿莫西林、先锋霉素等）。

（2）对于重症病猪每头选用青霉素 600 万单位+链霉素 300 万单位+安乃近 50 毫升，再添加适量的地塞米松，一次性肌内注射，每天两次。

（3）对严重气喘病猪，须加用对症治疗药物，如平喘药氨茶碱，改善呼吸的尼可刹米，改善精神状况和支持心脏的苯甲酸钠咖啡因，解热镇痛药复方氨基比林、安乃近等。

十四、猪流行性乙型脑炎

1. 病原及流行特点

病原为日本乙型脑炎病毒，猪易感染，其他家畜感染后为隐性，该病发生的季节性明显，多发生于夏末。主要通过接触及蚊虫叮咬传播。

2. 临床症状

突然发病，体温升高到 40~41℃，稽留数天至十几天，个别猪后肢轻度麻痹，关节肿胀，疼痛跛行。患病怀孕母猪主要表现流产、死胎或木乃伊胎，患病公猪多表现为一侧睾丸肿大，一般转归良好。

3. 解剖变化

睾丸肿大，呈不同程度充血、出血和坏死灶。间有睾丸萎缩硬化与阴囊粘连。子宫内膜显著充血，上面覆有黏稠的分泌物，黏膜上有小点出血，在产死胎的子宫黏膜下组织水肿。流产的死胎胎儿，体躯后部皮下常有水肿，肌肉色浅，胸、腹腔积液。

4. 诊断

根据流行季节和临床症状可作出初步诊断，确诊须进行病毒的分离培养，作血清学检查。临床上应注意与布鲁氏菌病的区别。

5. 防治

预防在疫区可用日本乙型脑炎弱毒疫苗，于流行期前一个月，对

4 月龄以上的公、母猪进行免疫接种。治疗上无特效药，为防止继发感染，可注射抗菌药，可用板蓝根 30 ~ 50 克，煎水内服，每天 1 剂，连用 5 天。

十五、猪流行性腹泻

1. 病原及流行特点

病原为猪流行性腹泻病毒。各种年龄猪均易感，乳猪、断奶仔猪和育肥猪感染发病率 100%，成年母猪为 15% ~ 90%，病猪是主要传染源，主要经消化道传染，发病有一定的季节性，多发生于寒冷的冬季。

2. 临床症状

主要是呕吐、腹泻和脱水为特征。呕吐多发生于吃食和吃乳后，或者在腹泻之间有呕吐（图 8-12）。粪稀如水，呈棕红色或灰白色，且腥臭。症状的轻重随日龄大小差异很大，年龄越小，症状越重，一周龄以内的乳猪发生腹泻后经 2~4 天脱水死亡，死亡率平均为 50%。断奶后的猪及母猪感染后体温无明显变化，4~7 天后可自行恢复。成年猪症状较轻，3~4 天可自愈。

图 8-12　猪流行性腹泻

3. 解剖变化

尸体消瘦脱水，皮肤干燥，小肠臌胀，肠壁变薄，肠系膜充血，系膜淋巴结水肿，肠内充满大量灰白色或黄绿色液体。

4. 诊断

根据流行病学特点，临床症状，解剖变化可初步诊断，确诊需要进行实验室诊断，临床上注意与仔猪黄白痢和猪传染性胃肠炎区别。

5. 防治

预防：主要是接种疫苗，加强管理，严格消毒等措施。

治疗：主要采取对症疗法，病猪群补口服盐溶液，或用四黄注射液或穿心莲注射液肌注；耳静脉滴注葡萄糖液、碳酸氢钠、维生素 C 等；肌注盐酸山莨菪碱注射液 100 毫升，每日 2 次。

十六、猪传染性萎缩性鼻炎

1. 病原及流行特点

病原主要是产毒素多杀巴氏杆菌和支气管败血波氏杆菌。该病不同年龄的猪都有易感性。小猪病变最为严重，外来品种较本地猪易感；病猪和带菌猪是主要传染源；传播途径主要是飞沫传播，经呼吸道传播；本病在猪群中传播比较缓慢，多为散发或地方流行，发病多集中在春、秋气候突变的时节。

2. 临床症状

受感染的小猪出现鼻炎症状，打喷嚏，呈连续或断续性发生，呼吸有鼾声。猪只常因鼻类刺激黏膜表现不安定，用前肢搔抓鼻部，或鼻端拱地，或在猪圈墙壁、食槽边缘摩擦鼻部，并可留下血迹；从鼻部流出分泌物，分泌物先是透明黏液样，继之为黏液或脓性物，甚至流出血样分泌物，或引起不同程度的鼻出血。

在出现鼻炎症状的同时，病猪的眼结膜常发炎，从眼角不断流泪。由于泪水与尘土沾积，常在眼眶下部的皮肤上，出现一个半月形的泪痕湿润区，呈褐色或黑色斑痕，故有"黑斑眼"之称，这是具有特征性的症状。

有些病例，在鼻炎症状发生后几周，症状渐渐消失，并不出现鼻甲骨萎缩。大多数病猪，进一步发展引起鼻甲骨萎缩。当鼻腔两侧的损害大致相等时，鼻腔的长度和直径减小，使鼻腔缩小，可见到病猪的鼻缩短，向上翘起，而且鼻背皮肤发生皱褶，下颌伸长，上下门齿错开，不能正常咬合。当一侧鼻腔病变较严重时，可造成鼻子歪向一侧，甚至成45°歪斜（图8-13）。由于鼻甲骨萎缩，致使额窦不能以正常速度发育，以致两眼之间的宽度变小，头的外形发生改变。

图8-13 鼻梁弯曲

病猪体温正常，生长发育迟滞，育肥时间延长。有些病猪由于某些继发细菌通过损伤的筛骨板侵入脑部而引起脑炎，发生鼻甲骨萎缩的猪群往往同时发生肺炎，并出现相应的症状。

3. 诊断

根据临床症状，大小猪均可发病，发病集中在春、秋季节可以确诊。

4. 防治

预防：平时搞好环境卫生和消毒工作，在该病多发地区每年做好预防接种，同时用抗生素拌料饲喂3~4周可预防。治疗用抗生素，有较好疗效。用青霉素、链霉素按常规剂量，配合清热解毒药（安乃近、复方氨基比林）肌内注射，一日两次，连用2~3天可治愈。

十七、猪蓝耳病

猪蓝耳病的潜伏期差异较大，引入感染后易感猪群发生猪蓝耳病的潜伏期，最短为3天，最长为37天。本病的临诊症状变化很大，且受病毒株、免疫状态及饲养管理因素和环境条件的影响。低毒株可引起猪群无临诊症状的流行，而强毒株能够引起严重的临诊疾病，临诊上可分为急性型、慢性型、亚临诊型等。

1. 急性型

发病母猪主要表现为精神沉郁、食欲减少或废绝、发热，出现不同程度的呼吸困难，妊娠后期（105~107天），母猪发生流产、早产、死胎、木乃伊胎、弱仔。母猪流产率可达50%~70%，死产率可达35%以上，木乃伊可达25%，部分新生仔猪表现呼吸困难，运动失调及轻瘫等症状，产后1周内死亡率明显增高（40%~80%）。少数母猪表现为产后无乳、胎衣停滞及阴道分泌物增多。

1月龄仔猪表现出典型的呼吸道症状，呼吸困难，有时呈腹式呼吸，食欲减退或废绝，体温升高到40℃以上，腹泻。被毛粗乱，共济失调，渐进性消瘦，眼睑水肿。少部分仔猪可见耳部、体表皮肤发紫，断奶前仔猪死亡率可达80%~100%，断奶后仔猪的增重降低，日增重可下降50%~75%，死亡率升高（10%~25%）。耐过猪生长缓慢，易继发其他疾病。

生长猪和育肥猪表现出轻度的临诊症状，有不同程序的呼吸系统症状，少数病例可表现出咳嗽及双耳背面、边缘、腹部及尾部皮肤出现深紫色。感染猪易发生继发感染，并出现相应症状。

种公猪的发病率较低，主要表现为一般性的临诊症状，但公猪的精液品质下降，精子出现畸形，精液可带毒。

2. 慢性型

这是目前在规模化猪场猪蓝耳病表现的主要形式。主要表现为猪群的生产性能下降，生长缓慢，母猪群的繁殖性能下降，猪群免疫功

能下降，易继发感染其他细菌性和病毒性疾病。猪群的呼吸道疾病
（如支原体感染、传染性胸膜肺炎、链球菌病、附红细胞体病）发病
率上升。

3. 亚临诊型

感染猪不发病，表现为猪蓝耳病的持续性感染，猪群的血清学抗
体阳性，阳性率一般在 10% ~ 88% 。

4. 防治措施

猪蓝耳病感染后目前尚无特效疗法，大多数措施目的在于缓解急
性症状，防止继发感染，减少损失。

① 在发病的第一个月，可用阿斯匹林等药物治疗晚期妊娠猪，
减少发热延长妊娠期。同时用抗生素治疗母猪，防止继发感染。

② 在猪群的采食量下降时应饲喂高能量日粮。

③ 在发病的急性期经产母猪应推迟配种，但要配种更多的后备
猪，以减少生产率的下降。当公猪发病精液质量下降时，要加强人工
授精。

④ 确保弱生仔猪及时摄入初乳，并应推迟补铁、断尾。给新生
仔猪预防性的抗生素以防止腹泻。禁止寄养以避免交叉污染。

⑤ 加强猪群的胸膜肺炎、伪狂犬病、链球菌病、喘气病等病的
防疫，增加猪只的抗病力。

⑥ 在日粮中添加抗生素以防止生长猪继发感染，并补充适量维
生素 E 和微量元素硒。

⑦ 保持良好的卫生条件，加强环境消毒，及时清扫产床。

⑧ 保持严格的"全进全出制"，及时空圈并进行熏蒸消毒以中断
病毒在养猪生产过程中的循环。并进行早期隔离断奶，以防止混合饲
养而传染。

⑨ 加强后备母猪的管理，对新引进后备猪应推迟配种以便形成
自然性适应。

⑩ 对于猪蓝耳病阳性猪场，可用猪蓝耳病冻干苗对后备母猪在
配种前免疫一次，间隔 21 天二免。因猪蓝耳病而产死胎的母猪在半

年内可不用注苗。经产母猪可在产后 21 天接种 1 头份、对仔猪（7~21 日龄）可接种半头份。公猪不接种（对于污染严重的猪场，可对母猪在妊娠中后期接种猪蓝耳病灭活苗一次）。对于猪蓝耳病阴性猪场，可用猪蓝耳病灭活苗对后备母猪在配种前免疫一次，间隔 21 天二免，经产母猪在空怀期接种，公猪、仔猪可不进行接种。

第三节　常见普通病的诊断与防治

一、食盐中毒

1. 诊断要点

病猪极度口渴、流口水、厌食、呕吐、腹痛、下痢或便秘，多数病猪有神经症状，眼失明，盲目直冲，单向性转圈运动，头向后仰，痉挛，少数病例痉挛后体温升高到 41℃ 以上。

2. 防治

治疗：立即停喂食盐，适当供应清水；静脉注射葡萄糖酸钙或 5% 的葡萄糖腹腔注射，可以解除毒性。

预防：保证充足饮水；每天的食盐添加量或饲喂量应基本恒定，大约 15 克／日，中猪约 10 克／日，小猪约 5 克／日，同时要注意饲料原料（如鱼粉）中的食盐含量和日粮中含量及日粮中食盐的均匀度。

二、亚硝酸盐中毒

1. 诊断要点

病猪突然不安、呕吐、流口水、呼吸急促，走路摇晃，全身震颤，结膜苍白，可视黏膜粉红色消失，黑猪的鼻盘呈乌青色，白猪的鼻盘灰白带青，猪身及四肢末端很凉，严重的倒地，痉挛后很快死亡，部分猪可拖延 1~2 小时，猪体温大多降至常温以下。

2. 防治

治疗：用 1% 的美蓝水溶液，以每千克体重 1 毫升静脉注射或腹腔注射。也可以配合 5% 的葡萄糖或葡萄糖盐水静脉注射。没有美蓝时，可以注射维生素 C。

预防：青饲料要新鲜喂，一般不要蒸煮。必须蒸煮时，应迅速烧开即揭开锅盖，不要闷在锅里过夜。青饲料不要堆积起来，若一时吃不完，可摊开或架空挂起。猪不要胡乱放牧，以免误食烂菜等。

三、有机磷中毒

1. 诊断要点

一般是出现症状快，最短的约 30 分钟，最长的是 8～10 小时。病程快的主要表现为大量流口水、眼泪和水样状鼻涕。眼结膜高度充血，瞳孔缩小，磨牙，呕吐，肌肉震颤，不时腹泻。病情加重时，出现呼吸迫促，眼斜视，四肢软弱，卧地不起，若处理不及时，常会因肺水肿而亡。

2. 防治

治疗：首先阻断继续接触毒物，若是从皮肤涂药引起，则应用清水冲洗（不能用肥皂等碱性溶液，不然会增加毒性）。常用解毒药如下。

（1）阿托品 0.002～0.1 克皮下注射，用量应根据个体大小与中毒轻重酌量增减。注射后要观察暗孔变化，在第一次注射后 20 分钟左右，如无明显好转，应重复注射一次，直到瞳孔放大，其他症状消失为止。本药常用于中毒早期。

（2）解磷定：可按每千克全重 0.02～0.05 克计算，溶于 100 毫升的葡萄糖溶解注射。用本药时，忌与碱性溶液配伍使用。

（3）双复磷：以每千克体重 0.04～0.06 克计算，用盐水溶解后，可供皮下、肌内、静脉注射。

预防：严格掌握敌百虫等用药剂量。在集体拌药饲喂驱虫时，应把强、弱猪分开喂，以免食入不均引起中毒。

四、菜籽饼中毒

1. 诊断要点

病猪腹痛、臌胀、腹泻，有时粪中带血，排尿次数多，有时出现血尿，体温下降，虚脱而死。

2. 防治

治疗：用 0.1%~1% 的单宁酸洗胃，内服蛋清或牛奶，豆浆等对症治疗。

预防：菜籽饼应去毒后再喂。先将饼粉碎，加温水泡半天后，倾去水分，再加水煮沸 1 小时，不断搅拌，使毒素蒸发，不要单猪喂菜籽饼，要和其他饲料搭配着喂，喂量应逐步增加。也可将菜籽饼埋入 1 米³ 的土坑内，经两个月后，可去毒 99.8%。

五、母猪瘫痪

1. 诊断要点

产前瘫痪时母猪长期卧地，后肢起立困难，检查局部无任何病理变化，知觉反射、食欲、呼吸、体温等均无明显变化，强行起立后步态不稳，并且后躯摇摆，终至不能起立。

母猪产后瘫痪见于产后数小时至 2~5 日内，也有产后 15 天内发病者。病初表现为轻度不安，食欲减退，体温正常或偏低，随即发展为精神极度沉郁，食欲废绝，呈昏睡状态，长期卧地不能起立。反射减弱，奶少甚至完全无奶，有时病猪伏卧不让仔猪吃奶。

2. 防治

治疗：本病的治疗方法是钙疗法和对症疗法。

静脉注射 10% 葡萄糖酸钙溶液 200 毫升，有较好的疗效。静脉注射速度宜缓慢，同时注意心脏情况，注射后如效果不见好转，6 小时后可重复注射，但最多不得超过 3 次，因用药过多，可能产生副作用。如已用过 3 次糖钙疗法病情不见好转，可能是钙的剂量不足，也可能是其他疾病。肌内注射维生素 D 35 毫升，或维丁胶钙 10 毫升，每日1次，连用3~4天。在治疗的同时，病猪要喂适量的骨粉、蛋壳粉、碳酸钙、鱼粉。

预防：科学饲养，保持日粮钙、磷比例适当，增加光照，适当增加运动，均有一定的预防作用。

六、产褥热

1. 诊断要点

产后体温升高、寒战、食欲废绝、阴户流出褐色带有腥臭气味分泌物。

2. 防治

治疗：可用3%双氧水或0.1%雷佛奴尔溶液冲洗子宫，冲洗完毕须将余液排出，适当选用磺胺类药物或青霉素，必要时加链霉素肌注每天0.01~0.02克/千克，分1~2次注射。青霉素肌注4 000~10 000单位/千克，每24小时注射1次，油剂普鲁卡因青霉素G，肌注4 000~10 000单位/千克，每24小注射1次。帮助子宫排出恶露，可应用脑垂体后叶素20~40单位注射，或益母草100克煎水。中草药：①当归尾、炒川芎、大桃仁各15克，炮姜炭、怀牛膝、木红花各10克，益母草20克，煎服，连服2~3次。②乌豆壳200克、桃仁40克、生韭菜100~200克，煎水1次内服。

预防：在分娩前搞好产房的环境卫生，垫草暴晒干净，分娩时助产者必须严密消毒双手后方可进行助产。并准备碘酒和一盆消毒药水（2%来苏儿液或0.1%新洁尔灭）随时备用，以保证助产无菌、阴道无创伤，避免发生感染。在母猪产出最后1头仔猪后36~48小时，肌注前列腺素2毫克，可排净子宫残留内容物，避免发生产褥热。加强猪舍卫生工作，母猪产前圈床应垫上清洁干草，助产时严格消毒，切勿损伤子宫，如有损伤，应及时处理。

七、硒缺乏症

1. 诊断要点

仔猪硒缺乏症主要有以下几种表现。

（1）白肌病即肌营养不良。

以骨骼肌、心肌纤维以及肝组织等变性、坏死为主要特征，1~3月龄或断奶后的育成猪多发，一般在冬末和春季发生，以2—5月为发病高峰。急性型：病猪往往没有先驱征兆而突然发病死亡。有的仔猪仅见有精神委顿或厌食现象，兴奋不安，心动急速，在10~30分钟内死亡。本型多见于生长快速、发育良好的仔猪。亚急性型：精神沉郁，食欲不振或废绝，腹泻，心跳加快，心律不齐，呼吸困难，全身肌肉弛缓乏力，不愿活动，行走时步态强拘、后躯摇晃、运动障碍。重者起立困难，站立不稳。体温无变化，当继发感染时，体温升高，大多病畜有腹泻的表现。慢性型：生长发育停止，精神不振，食欲减退，皮肤呈灰白或灰黄色，不愿活动，行走时步态摇晃。严重时，起立困难，常呈前肢跪下或呈犬坐姿势，病程继续发展则四肢麻痹，卧地不起。常并发顽固性腹泻。尿中出现各种管型，并有血红蛋白尿。

（2）仔猪营养不良。

多见于3周到4月龄的小猪。急性病猪多为发育良好，生长迅速的仔猪，常在没有先兆症状下而突然死亡。病程较长者，可出现抑郁，食欲减退，呕吐，腹泻症状，有的呼吸困难，耳及胸腹部皮肤发红。病猪后肢衰弱，臀及腹部皮下水肿。病程长者，多有腹胀、黄疸和发育不良。常于冬末春初发病。

（3）成年猪硒缺乏症。

其临床症状与仔猪相似，但是病情比较缓和，呈慢性经过。治愈率也较高。大多数母猪出现繁殖障碍，表现母猪屡配不上，怀孕母猪早产、流产、死胎，产弱仔等。

2. 防治

治疗：0.1%亚硒酸钠注射液，成年猪 10 ~ 15 毫升；6 ~ 12 月龄猪 8 ~ 10 毫升；2 ~ 6 月龄 3 ~ 5 毫升；仔猪 1 ~ 2 毫升，肌注。可于首次用药后间隔 1 ~ 3 天，再给药 1 ~ 2 次，以后则根据病情适当给药。应用本药品时要注意浓度一般不宜超过 0.2%，剂量不要过大，可多次用药，一定要确保安全。饲料日粮中适量地添加亚硒酸钠，可提高治疗效果。一般日粮每千克含硒量为 0.1 毫克较为适宜。亚硒酸钠维生素 E 注射液，每支 5 毫升、10 毫升，每毫升含维生素 E 50 国际单位，含硒 1 毫克，肌内注射，仔猪 1 ~ 2 毫升/次。亚硒酸钠的治疗量和中毒量很接近，确定用量时必须谨慎。皮下、肌内注射亚硒酸钠对局部有刺激性，可引起局部炎症。也可配合使用维生素 E，可明显提高防治效果。屠宰前 60 天必须停止补硒，以保证猪产品食用的安全性。

预防：预防本病的方法主要是提高饲料含硒量，供给全价饲料。对妊娠和哺乳母猪加强饲养管理，注意日粮的正确组成和饲料的合理搭配，保证有足量的蛋白质饲料和必需的矿物性元素及微量元素。

八、铁缺乏症

1. 诊断要点

仔猪多在出生后 8 ~ 10 天发病。病猪表现为精神沉郁，食欲减退，被毛粗乱、发黄、暗淡无光泽，生长缓慢。可视黏膜苍白，黄染，呼吸加速，脉搏加快。有时腹泻，粪便颜色多正常。血液检查血红蛋白降到 4 克/升以下。红细胞数从正常的 500 万 ~ 800 万降至 300 万 ~ 400 万，红细胞大小不均，色淡，并出现未成熟的有核红细胞和网状红细胞，血液稀薄，黏度降低，色淡，血凝速度缓慢。本病病程约 1 月，通常 2 周龄发病，3 ~ 4 周龄病情加重，5 周龄开始好转，6 ~ 7 周龄痊愈，如果 6 周龄尚未好转，预后多不良。

2. 防治

治疗：关键是补充铁质，充实铁质贮备。可采用口服铁剂和注射铁剂。口服铁剂有 20 余种，如硫酸亚铁、焦磷酸铁、乳酸铁、枸橼酸铁等。其中硫酸亚铁为首选药物。肌内注射的铁剂有糖氧化铁、糊精铁、葡聚糖铁或右旋糖铁、山梨醇–葡萄糖酸聚合铁和葡聚糖铁钴等。兽医临床常用葡聚糖铁或右旋糖铁和葡聚糖铁钴注射液治疗。

预防：仔猪出生后 3 天 1 次性注射牲血素，可很好预防仔猪缺铁性贫血。

九、维生素 A 缺乏症

1. 诊断要点

呈现明显的神经症状，头颈向一侧歪斜，步样蹒跚，共济失调，不久即倒地并发出尖叫声。目光凝视，瞬膜外露，继发抽搐，角弓反张，四肢呈游泳状。有的表现皮脂溢出，周身表皮分泌褐色渗出物，可见夜盲症。视神经萎缩及继发性肺炎。育成猪后躯麻痹，步态蹒跚。后躯摇晃，后期不能站立，针刺反应减退或丧失。母猪发情异常、流产、死产、胎儿畸形，如无眼、独眼、小眼、腭裂等。公猪睾丸退化缩小，精液质量差。

皮肤角化增厚，骨骼发育不良，眼结膜干燥，病初乳头水肿，视网膜变性，怀孕母猪胎盘变性，公猪睾丸缩小。

2. 防治

治疗：饲喂富含维生素 A 的饲料，添加胡萝卜素，内服鱼肝油，仔猪 5~10 毫升，育成猪 20~50 毫升，每日 1 次，连用数日。也可肌内注射维生素 A，仔猪 2 万~5 万单位，每日 1 次，连用 5 日。

预防：主要是保持饲料中有足够的维生素 A 原或维生素 A，日粮中应有足量的青绿饲料、优质干草、胡萝卜、块根类等富含维生素 A 的饲料。妊娠母猪需在分娩前 40~50 天注射维生素 A 或内服鱼肝油、维生素 A 浓油剂，可有效地预防初生仔猪的维生素 A 缺乏。

第九章

猪场经营管理

第一节 猪场类型和饲养规模的确定

一、猪场类型

规模化养猪场类型主要有四种：一种是饲养母猪出售仔猪的猪场，一种是购进仔猪育肥的专业育肥场，一种是自繁自养的猪场，还有一种是种猪。

1. 饲养母猪出售仔猪

这种猪场主要是饲养适应性较强的繁殖母猪，以繁殖、出售仔猪。广大的农村母猪户占多数。核心目标是用最小的成本取得最大的断奶窝重。主要工作为：配种、妊娠、分娩、哺乳、仔猪补料、断乳、免疫等，需要一定的饲养管理和技术水平。多数农户虽然有养过母猪的经历或积累了相当的经验，但离现代养猪技术的要求还有一定的差距。特别是没有合理严格的防疫程序，所繁仔猪健康状况良莠不齐。

就经济效益来说，利润较微薄，受到市场对仔猪的需求、仔猪的成本、饲料价格、母猪饲养成本等因素的影响，不是很稳定。猪价高的时候，虽然仔猪也能卖个好价钱，但价格上扬的时间一般会滞后于肥猪。一旦猪价跌落，仔猪又首当其冲。所以历次猪价低谷，母猪饲养户受到的打击会比较大。

这种猪场的优点是饲料投资相对来说比其他两种类型要小，对青粗饲料利用优势明显。所以有一定技术但资金有限的养猪者可以考虑此种猪场类型。

2. 购进仔猪育肥

购进仔猪育肥就是购买仔猪，经过一段时间育肥再出售，以农村专业户为主。目标是最快的生长速度和最低的料肉比。购仔猪育肥，只要把好进猪关，对技术的要求比母猪低，但是饲料资金成本要高得多。目前，一般很少有专业的仔猪繁育基地，而且，专业猪场仔猪价位相对偏高，通常，养猪户所购仔猪大多来自千家万户，病源较复杂，如果防疫不规范，疫病风险会较大。

专业育肥对市场价格也是最敏感的。对于有一定经验，对市场行情把握较好的人，他们在低谷时低价购进仔猪，等育成肥猪，行情转好，就可获得较多利润。而对于经验不足的人，往往猪价高峰时跟风高价购进仔猪，等育成肥猪，猪价降低，养猪的兴趣和信心也大大降低。

3. 自繁自养猪场

就目前情况而言，自繁自养是一种比较好的猪场类型。自己能制定合理的防疫和免疫程序，使猪群抗体水平保持一致；病源的复杂性相对简单，对本场已有的病源猪群大多产生了自然抗体，只要防止带进外来病源，疫病的威胁要小得多。同时也避免了运输转移等许多应激因素，猪群能迅速适应环境，一般长势也好得多。从整体效益来说，也比前两种猪场稳定得多；低价时可以稳住阵脚，高价不因买不到仔猪而发愁。当然，相对来说资金和技术的投入也比较大些。

4. 种猪场

种猪有纯种猪和杂交猪两种类型。

（1）纯种猪。

在保证纯种种猪具有良好经济性能的前提下，利润较高。但是，由于纯种种猪缺少杂种优势，后代仔猪数量不如杂交种猪生产的仔猪多；而且需要投入较多的人力、物力和财力，尤其是进行长期的生产性能测定的系谱记录等大量育种工作；需要建立稳定的客户群，以保证销售渠道的畅通。

（2）杂交猪。

杂交猪种价格较高，利润有保障，能得到原种场的技术支持，但是要花较多时间进行育种记录和选种。

二、猪场规模类型

根据养猪场年出栏商品肉猪的生产规模，规模化猪场可分为三种基本类型，年出栏 10 000 头以上商品肉猪的为大型规模化猪场，年出栏 3 000~5 000 头商品肉猪的为中型规模化猪场，年出栏 3 000 头以下的为小型规模化猪场。

三、存栏上万头的养猪场建设

1. 选址

（1）交通便利。交通便利对猪场极为重要。一个万头猪场平均一天进出饲料约 20 吨，每天运出商品猪 30 头左右，粪便等废弃物 4 吨，交通不便会给生产带来巨大困难。此外，交通不便也影响职工的生活和工作。

（2）农牧结合。农牧结合是山区创办大型猪场、走生态养殖解决环境污染的根本途径。一个万头猪场每天产生粪尿、污水总量近50 吨。这些粪尿如果通过附近的农田、果园、渔塘等自然消化，它是很好的肥料。如果无序乱排放，它会造成极大的环境污染。因此，在选址时要考虑周围有农田、果园、渔塘等配套。一般一个万头猪场大约需要 80 公顷土地才能消化掉粪便。这是最划算、最经济的粪便处理方式，国外的大型牧场也多采用集粪池存放粪尿，定期运送到田野里，当作农作物肥料。

（3）有利于防疫。因猪场的防疫需要和对周围环境的污染，规模猪场应建在离城区、居民点、交通干线较远的地方，一般要求离交通要道和居民点 1 千米以上。如果有围墙、河流、林带等屏障，则距离可适当缩短些。禁止在旅游区及工业污染严重的地区建场。

（4）场地要有水源和电源。猪场需要用水用电，故必须要有水源和电源。万头猪场必须有一个质好、量多而无污染的可靠水源，一般一个万头猪场日用水量150~250吨。万头猪场有成套的机电设备，包括供水、保温、通风、饲料加工、清洁、消毒、冲洗等设备，加上职工生活用电，一个万头猪场装机容量（饲料加工除外）应有70~100千瓦。如果当地电网不能稳定供电，大型猪场应自备相应的发电机组。

（5）场地面积。猪场总占地面积应符合年出栏一头育肥猪占地2.5~4米^{2}的要求，生产建筑面积应符合年出栏一头育肥猪需0.8~1米^{2}的要求。所以，一个年出栏1万头的规模猪场须占地面积约3.3公顷，生产建筑面积须1公顷（10 000米^2）左右。

2. 创办条件

创办一个年出栏1万头的规模化养猪场，必须具备以下条件。

（1）有稳定的销售渠道——日销生猪30头、周销生猪210头。

（2）有足够的场地——较平整或略带缓坡的山湾地约3.3公顷。

（3）有充足可消纳猪粪便的土地资源——周围有农田、果园或渔塘80公顷。

（4）有足够的资金——约投资1 350万元。

（5）有充足的电源和水源——装机容量（饲料加工除外）70~100千瓦，日用水量150~250吨。

（6）有方便的饲料来源——日进饲料10吨，周进饲料70吨。

（7）有足够的技术力量——拥有配种、兽医、饲养等专业技术人员。

3. 规划方案

（1）面积规划。猪场规划总面积为3.3公顷，总体分为办公生活区和饲养生产区，两区间围墙隔离。饲养生产区是猪场的主要部分，包括各类猪群的猪舍、隔离舍、消毒室、兽医室、饲料厂、仓库等，占地面积1公顷（10 000米^2）以上。

（2）生产规模。年出栏瘦肉型猪1万头，常年存栏0.6万头，年饲养量 1.6 万头。

（3）排污、环保。猪场的污染物主要是猪粪和污水，主要采取堆积发酵消灭有害微生物后供应给附近农田、果园及渔塘作肥料，促进粮食、经济作物和渔业的发展。条件允许的可采取以三级发酵池作沉淀发酵处理，达到国家养鱼水质的排放标准。

（4）场内总体布局。场内生产区、生活区分开，生产区内料道、粪道分开。根据当地主风向和流水向的特点，生活区建在生产区上风头，生产区从上至下各类猪舍排列依次为：公猪舍、母猪舍、哺乳母猪舍、仔猪舍、育肥猪舍。育肥猪舍应靠近场区大门，以便于出栏。兽医室及病猪隔离舍、解剖室、粪便场在生产区的最下风向最低处。饲料加工调制间在种猪舍与肥猪舍之间，有条件的最好把繁育场与育肥场分开建设。

（5）猪舍建筑考虑的因素。

①冬暖夏凉，舍顶要有一定的厚度（不少于 10 厘米），隔热性好。

②圈舍方向。种猪舍应东西走向，育肥猪舍最好也东西走向、坐北向南，以利于采光。

③防疫卫生。场门口、生产区门口建有消毒池，与门口等宽，长度不少于出入车轮周长的 1.5 倍，深度 15～20 厘米。规模化养猪场在生产区门口要建有专用更衣室、紫外线消毒间及消毒池等。

④饲养密度。

（6）生产工艺流程及主要技术措施。

1）生产工艺流程。按现代生产方式来生产猪肉，实行流水线生产工艺。即配种→怀孕→分娩→哺乳→育成→育肥→销售，形成一条连续流水式的生产线，有计划、有节奏地安排全年养猪生产。

2）主要技术措施。

①选择优秀的杂交组合。经科学试验和实践，拟生产杜大长、杜长大或大长本（培）杂种商品猪，瘦肉率达 60% 以上。

②实行仔猪 28～35 天早期断奶。早期断奶可增加母猪的年产胎

数、年产仔数和出栏数，并有利于控制疾病。早期断奶使乳猪及早吃上营养全面的全价配合饲料，只要掌握好技术要领，饲喂得当，其生长性能还略高于非早期断奶的仔猪。由于实行了早期断奶，全场母猪年产胎数可达 2.2 胎以上。

③ 根据猪不同生长阶段，提供优质平衡日粮。根据猪在空怀期、怀孕期、哺乳期、保育期、生长期、肥育期等不同阶段对营养物质的需求，给予相应的全价日粮，从而提高饲料报酬、猪舍利用率、降低成本。采购饲料原料，应坚持新鲜、优质的原则。商品代猪经 5.5~6 个月饲养，体重达 100~110 千克，料重比 2.8~2.9。

④ 强化饲养管理。抓好防疫消毒工作，加强猪场的饲养管理，提高配种受胎率、仔猪育成率，使管理制度化。健全卫生消毒制度，落实各项防疫措施，严格、科学地按免疫程序接种疫苗。控制各生产、生活区人员流动，做好人员、车辆、工具的消毒工作。

（7）人员规划。

场长 1 人，副场长（技术、销售副场长各 1 人）2 人，配种员 2 人，配种妊娠舍 5 人，分娩舍 5 人，保育舍 3 人，肥育舍 5 人，统计员 1 人，兽医 2 人，修理辅助工 1 人，门卫 1 人，全场员工共 28 人。

（8）资金规划。

年出栏瘦肉猪 1 万头，总投资 1 350 万元，其中固定资产 1 270 万元，流动资金 80 万元。各项投资情况：猪舍建筑 1 万米² ×300 元/米²，约 280 万元。饲料厂（年产 0.3 万吨），100 万元。办公、生活用房 600 米² ×400 元/米²，24 万元。兽医室及仪器设备，5 万元。水电、污水处理设施，50 万元。围墙、道路及其他设施，30 万元。种公猪存栏 30 头×1 500 元/头，4.5 万元。母猪存栏 640 头×1 500 元/头，96 万元。其他大小猪存栏 0.55 万头×330 元/头，181.5 万元。母猪笼 500 只×220 元/只，11 万元。产仔笼 200 套×1 400元/套，28 万元。保育舍笼架、漏缝地板 50 个×2 000元/只，10 万元。土地 3.3 公顷×120 万元/公顷（平整和出让费），400 万元。运输、交通工具，50 万元。流动资金，80 万元。合计1 350万元。

第二节　猪场行政管理

行政管理指企业行政系统为了企业的生存与发展而依靠一定的法规、制度、原则及方法对企业进行职能性管理的总和，依靠企业行政组织、按照行政渠道管理企业的一系列措施和方案。

一、猪场组织机构

猪场组织机构是猪场正常运行的必要保证，猪场机构和岗位设置应按照企业行政管理的基本要求，根据自身情况而定，要适应猪场生产模式，本着精简节约的原则，充分激发和调动员工的潜能和积极性，确保完成各项工作。

1. 规模化猪场机构设置

通常来说，规模化猪场机构设置，如图 9-1 所示。

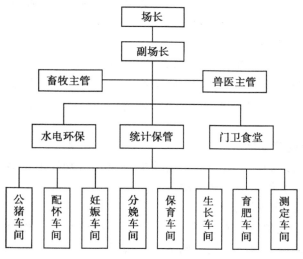

图 9-1　猪场机构设置

2. 规模化猪场人员配备

猪场人员配备，取决于猪场的规模、设备条件、人员的素质，甚至取决于猪场的所有制性质。不同条件的猪场按作业分类配备生产人员。其他人员按工作性质配备。技术室的兽医、资料员每100头基本母猪配备各1名；饲料加工人员，每400～500头猪配备1名，还配备1名辅助工人；另设电工1人、门卫2人、安全值班工1人，会计、出纳、保管各1人，每30名上灶人员设厨师1人。在猪场规模较小时，所配备的人员可以兼职兼工。

二、猪场行政管理

猪场行政管理是猪场管理者对猪场各项工作有效行使权力的组织手段，是猪场各项工作顺利开展的保证，猪场行政管理主要通过各种行政管理制度来体现。猪场应根据自身情况制定本猪场行政管理制度。一般情况下，一个猪场的行政管理制度主要包括：工作纪律、会议管理、档案管理、公文打印管理、印鉴管理、办公及劳保用品管理、库房管理等，一些中小型猪场为提高效率，还把人力资源和财务管理纳入到公司行政管理的范围。

1. 工作纪律

工作纪律主要有上下班管理制度、请销假制度、休假制度、奖惩制度、离职及辞退制度。对一些岗位来讲，员工的行为规范和工作纪律是公司行政管理制度中最重要的内容。如员工的着装、语言、行为等。

2. 会议管理制度

会议管理制度主要包括：会议的分类及召开权限、会议的组织、会议纪律、会议记录、会议跟进等。

3. 档案管理制度

档案管理制度主要包括：资料和材料的收集、归档范围、立卷、档案保管期限、保密级别、档案的借阅等。

4. 公文打印管理制度

公文打印管理制度包括：公文格式及行文规范、收文程序、发文程序、公文归档、公文清退、公文销毁等。

5. 印鉴管理制度

印鉴管理制度包括：印鉴的制发、公司印鉴对内对外使用规定、印鉴的权责人及部门、印鉴的保管、印鉴使用登记等。

6. 办公及劳保用品管理制度

办公及劳保用品管理制度包括：购置规定、保管制度、领退制度、登记制度。

7. 库房管理制度

库房管理制度包括：人员职责、购置、验收、入库、存储保管、盘点、安全管理等。对一些从事生产和销售的公司来讲，库房管理制度是公司行政管理制度中的重要内容。

三、猪场人事管理

猪场人事管理制度主要包括：人事聘用、劳动合同、工资薪酬、员工考核、培训制度等。

1. 人事聘用

各企业应根据自身情况建立合理的人事聘用制度。

（1）猪场因工作需要，按岗位定编增加人员时，应先由用人车间提出申请，经场长核准后，由场部报请并协助公司人力资源部办理考选事宜。

（2）新进人员经考试及审查合格后，应按劳动合同法签订劳动合同，公司人力资源部门复核备案存档。试用期满考核合格者，正式聘用。

（3）试用人员如有品行不良，或工作能力欠佳，或违规违纪者，可按合同停止试用，予以解聘。

（4）凡有下列情况者，不得聘用。

① 受通缉或受审而未结案者；

② 体格检查不合格者。

2. 劳动合同和保险

（1）员工于正式聘用时，应由公司人事部门办理劳动合同和保险。

（2）员工参加保险后，依法享受各项权利及应得的各种福利。

（3）员工因工致残或死亡时，按劳动合同和保险条例依法申请赔付。

（4）解除劳动合同。

1）有下列情形之一者，可依法解除劳动合同。

① 猪场停产或转让；

② 猪场生产紧缩；

③ 员工对所担任的工作确不能胜任。

2）辞退员工，应于一周前书面通知到本人。

3）员工辞职，须提前一个月，以书面形式报场部，经批复办妥一切交工手续后，可以辞职。

4）被辞退者，应依法发给辞退遣返费。

3. 工资待遇

猪场本着劳资兼顾，互利互惠的原则，给予员工合理的待遇。猪场应根据自身及行业情况制订具体方案。

4. 员工考核

（1）试用期考核。

员工试用期间，由场部负责考核，期满考核合格者，方得正式聘用。

（2）平时考核。

① 各级主管对所属员工应就操作能力、效率、态度、业绩等，随时作严格考核；凡有特殊功过者，应随时报请奖惩；

② 场部应将假勤奖惩等考核随时记录，每月兑现。

（3）绩效考核。

考核人员应严守秘密，不得徇私舞弊或怠误。

5. 员工培训

企业为提高员工职业道德、业务素质及工作能力，应对员工进行各种教育培训，被指定参加培训的员工，非特殊原因，不得拒绝参加。

员工培训一般分为以下两种。

（1）岗前培训：一般针对新进员工，目的是对新员工进行基本工作技能培训。

（2）在岗培训：一般针对在岗职工，目的是提高其工作技能。员工在生产中应不断学习研究本职技能，解决实际问题；相互砥砺；各级主管尤应互相学习，以求精进。

猪场场长在安排工作时应充分考虑员工的个性、经验、能力等，将其调任适当工作岗位，务必做到人尽其才，才尽其用。

第三节　猪场生产计划编制

一、编制计划所需的资料与依据

编制计划需要猪场内部资料与外部资料。外部资料指市场情报与预测，其中最重要的是饲料行情与商品猪市场预测资料，同行业的生产水平、经济指标和发展趋势等；内部资料主要有本猪场近年生产指标、经济指标和各项原材料消耗定额等。定额是指猪场在进行生产活动时，对人力、物力及财力的配备、占用或消耗，以及相应的生产标准。在编制计划的过程中，各项生产指标都是根据定额计算和确定的。合理的定额是使计划既符合实际又有先进性的关键。猪场生产定额一般有以下几个方面。

1. 猪舍及设备利用率定额

完成一定数量的任务所需配备的猪舍面积和设备数量。例如，每平方米饲养量、出栏头数、产值和利润等。不同的生产方式和规模此定额有很大的差距，其数值应根据具体情况而定。

2. 劳动力配备定额

在一定的生产技术条件下，从事某项工作所规定的人力占用标准。即人均养猪头数、不同阶段人均养猪头数、人均生产商品猪头数和后勤人员配备标准等。

3. 劳动定额

完成一定工作量所需的劳动力消耗标准。如生产每头商品猪所消耗的劳动力工时数。

4. 物资消耗定额

每生产一定数量的产品或完成某项工作任务应消耗的原材料数量。如每生产一头育成仔猪消耗的饲料总量、某生产阶段的饲料增重比。

5. 工作质量和产品质量标准

按工作岗位或饲养阶段制定的有关指标，如品种受胎率、产仔数、成活率、增重速度、出栏率和产品等级等。

6. 财务定额

为完成一定的生产任务应消耗或占用的财力标准及应达到的财务指标。如固定资金占用额、流动资金占用额和各阶段产品的成本、利润、产值等。

内部资料主要是各种定额标准，而外部资料主要是国家养猪政策和农业政策、饲料与商品猪市场情况。在计划经济体制下，养猪场更注重内部资料，这是因为外部资料相对固定；但在市场经济条件下则大不相同，除准确计算内部资料外要特别注重外部市场的变化和预测，因为我们要以市场为导向制定产品的质量标准和生产数量，以市场的供求关系确定饲料及产品的预计价格，其准确性是实现计划管理目标的基础和前提。

二、编制计划的具体方法

1. 编制计划的原则

（1）编制计划的目的。计划管理的目的是使生产管理与经营心中有数，以利于生产过程的监督管理，利于找出生产过程中存在的问题及其原因，是提高管理经营水平的重要方法。

（2）正确确定定额水平。详细整理以往有关的技术经济统计资料，确定本猪场本年度应达到的定额标准。

（3）确定定额标准应具有先进性，同时又具有可能性。

2. 编制计划的具体方法

生产计划是根据生产任务、特定的工艺流程和实际生产条件来确定的。制订当年的生产计划时，应了解本场现存猪群数量、结构和往年生产水平等，确定当年的生产指标及原料消耗指标。编制生产计划时，首先从猪群存栏计划开始，然后是出栏计划，有了这两个计划就有了编制其他计划的基础。存栏和出栏计划主要受猪场设计生产能力、实际生产能力、现存猪群数量及结构、商品猪销售合同的影响。例如，某百头母猪规模的猪场实际生产能力 1 500 头，上年末存栏 1 000 头，本年度销售任务 1 500 头，那么该猪场的存栏应保持稳定。为了保证完成任务及存栏平衡，根据母猪数、窝产仔数、各阶段成活率指标计算出应产仔猪窝数，再根据产仔间隔、分娩率、受胎率、待配母猪配种率计算出应保持可配母猪数及各月配种头数，根据出栏任务计算出要求猪只的增重速度，并由此计算出各阶段饲料用量及资金周转计划时间表。

三、计划的贯彻与落实

编制猪场生产计划是一项科学而严谨的工作，要尽力做到既符合客观实际又有利于提高生产水平和经济效益。但作为一种计划，它毕竟是一种设想，仅仅是计划管理的开始，大量的工作是计划的贯彻与落实。在计划实施的过程中，及时总结经验教训、努力克服薄弱环节是计划管理不可缺少的组成部分。

猪场各项计划是由生产全过程中各阶段的计划组成的。只有各阶段计划得到充分的保证，总计划才能得到贯彻落实，而这要依靠猪场全体职工的努力才能达到。具体的方法是：将总任务目标按生产工艺阶段分解，并与各具体的工作岗位相结合，落实到具体的职工，规定各项指标的完成情况怎样与岗位收入挂钩，也就是实行岗位经济责任制。具体过程如下。

1. 把计划指标层层分解落实

指标分解就是将总任务按科学计算与实际条件分解成各阶段的指标，具体指标的完成就可以保证总任务的完成。例如，将全年出栏商品猪的头数分解为应配种的母猪数及受胎率、分娩率及应产仔的窝数、各阶段的成活率、增重速度；将全年饲料消耗量分解为种猪、仔猪、育成猪、生长猪、育肥猪的饲料消耗量及相应阶段的料肉比；将全年生产总成本分解为各阶段的饲料成本、疫苗及兽药成本、工资及福利成本和销售成本等；分解后的指标任务明确地落实到各岗位人员。

2. 实行严格的考核分析制度

考核就是按计划的时间表检查任务完成情况，并进行分析对比，衡量任务完成的程度，找出差距，并分析原因、解决问题。考核要尽量做到全面客观。一般在经济责任制中，应明确具体的考核指标及项目，并尽可能使用量化的数据来描述。例如考核种猪繁殖情况，要用受胎率、分娩率、产仔数、成活率和断奶重；考核生长肥育猪舍，应使用增重速度（实践中可使用饲养天数与出栏体重）、料肉比（可使用测定圈定期测定）和本期饲养成活率等。

3. 坚持奖惩原则

在严格考核的基础上，分清优劣，总结经验。对成绩优秀者，给予奖励；对未完成任务者，给予适当的批评，并诚心给予帮助教育，使之成为努力工作者。只有这样才能调动积极性，产生凝聚力，促进计划的完成。

四、计划的检查与调整

计划完成情况的检查是顺利完成计划的重要手段。制订计划的目的是明确生产过程中的具体目标，以便对生产情况比较与分析。检查的目的是分析目前的生产情况及其与计划的符合程度，得到客观综合的评价，以便于总结经验，找出差距，解决问题。必要时，调整计划指标。只有经常进行检查、改进和提高，才能使生产经营运转正常，处于良好状态，保证计划的完成。

一般建议对于反映生产水平、计划任务的主要指标每月检查一次；对于包括生产水平和经营状况及全面指标可每季度检查一次；半年进行一次全场经营状况的总结，并向职工分析汇报、提出解决问题的具体措施。

第四节　猪场的经济核算

一、资金管理核算

资金管理核算是猪场财务管理的重要组成部分。加强资金管理有利于保证猪场生产经营资金的需要、加速资金的周转，以尽可能少的资金占用和消耗，取得尽可能多的生产经营成果。

1. 猪场资金的概念、构成与分类

猪场从事各种生产经营活动必须具备必要的劳动资料和手段，以及用于支付各项费用进行商品交换的货币，统称猪场的资金。

其表现形式为房舍和设备占用的固定资金，猪群、饲料、药品等占用的流动资金，账户中存放的有专项用途的专项基金等。

总之，猪场使用的资金可分为三类：固定资金、流动资金和专项资金。固定资金占用的表现形式为固定资产；流动资金占用的表现形式是流动资产；专用资金的账户中待用的专项货币。

2. 资金核算

资金核算是经济核算的重要内容，主要通过相关的指标计算衡量固定资金、流动资金的利用效果，同时找出资金利用过程中的问题和解决问题的方法。

（1）固定资金的核算。

分为固定资金的利用核算和固定资金的折旧核算。利用计算的主要指标有设备利用率、设备生产率、固定资金产值率和固定资金赢利率。其计算方法如下。

猪舍、设备时间利用率=（每年使用总天数/365）×100% 猪舍生产量（头/米²）=计算期产品产量/猪舍面积

固定资金产值率=（总产值/固定资产平均原值）×100%

固定资金赢利率=（全年赢利总额/固定资金占用总额）×100%

折旧费提取是用于对已经磨损消耗的固定资产进行大修和更新准备资金，折旧费必须按期提取逐步积累。这种将固定资产的磨损与消耗转作生产成本的方法称为折旧，其价值即为折旧费。固定资产的损耗分为有形损耗和无形损耗。有形损耗即为实际财产的损耗；无形损耗即为由于社会发展和技术进步而引起的固定资产的贬值。猪场提取的折旧费应能补偿这两种损耗，历年提取的折旧费累计总额加上固定资产报废时的残值应达到可以更新原固定资产的水平。因此，折旧费每年的提取额应计算准确。在具体提取方法上分为基本折旧和大修理折旧。基本折旧是为更新而提取；大修理折旧是为固定资产的大修理支付费用而提取。具体计算方法为如下。

年基本折旧=（固定资产原值-更新时残值+更新时清理费用）/使用年限

年大修理折旧=（每次大修理费用预算×使用期大修理次数）/使用年限

在实际工作中，为了简化计算，也可以采用综合折旧率计算折旧费，其计算公式为：

综合折旧率=（每年提取的折旧费/固定资产原值）×100%

固定资产折旧额=固定资产原值×综合折旧率（或某项固定资产折旧率）

（2）流动资金的核算。

流动资金的核算反映猪场流动资金的占用和利用效果。主要指标

有 3 个：流动资金周转率、流动资金赢利率和产值资金率。计算方法如下：

流动资金周转率＝期内销售总额/期内流动资金占用额（单位：次/期）

式中计算期一般以年计算（360 天）。此指标也可以按每次周转所需天数表示，更方便、更直观。

流动资金赢利率＝（期内赢利总额/期内平均流动资金占用额）×100%

产值资金率＝(定额流动资金平均占用额/总产值)×100%

二、生产成果的核算

生产成果是猪场生产的基本目的之一，因而其核算也是经济核算的重要内容。其核算的主要指标如下。

1. 商品产量

猪场生产的、可用作销售的一切合格产品的总量，一般以商品猪的头数或重量来表示。

2. 商品产值

用货币形式表示的商品产量。由于这个指标反映猪场生产的可供用作商品销售的产品价值，因此通过它可以测算销售额。

3. 销售额

通过销售环节将商品产值的计算额转化为实际销售额，即将商品猪（或其他产品）销售在计算期内收回的资金总量。在市场竞争异常激烈的市场经济条件下，此指标很重要，它反映了猪场的规模和综合竞争能力。

4. 总产值

以货币形式表示的生产工作总量。总产值能综合反映猪场的全部生产成果，同时包括生产过程中物质资料向产品的转移价值。它不但反映商品猪同时也反映自留种猪、猪群增减、淘汰猪的价值，此指标也是计算许多指标的依据。

5. 净产值

反映猪场计算期生产过程新创造的价值,它不包括生产过程中各种物质资料转移的价值。因此,它比总产值更能说明问题。

三、生产成本的核算

1. 成本核算的基本概念

成本核算是企业进行产品成本管理的重要内容,是猪场不断提高经济效益和市场竞争能力的重要途径。猪场的成本核算就是对猪场生产仔猪、商品猪、种猪等产品所消耗的物化劳动和活劳动的价值总和进行计算,得到每个生产单位产品所消耗的资金总额,即产品成本。成本管理则是在进行成本核算的基础上,考察构成成本的各项消耗数量及其增减变化的原因,寻找降低成本的途径。在增加生产量的同时,不断地降低生产成本是猪场扩大赢利的主要方法。

为了客观反映生产成本,我们必须注意成本与费用的联系和区别。在某一计算期内所消耗的物质资料和活劳动的价值总和是生产费用,生产费用中只有分摊到产品中去的那部分才构成生产成本,两者可以是相等的也可以是不等的。

2. 生产成本核算的方法

进行生产成本的核算需要完整系统的生产统计数据,这些数据来自于日常生产过程中的各种原始记录及其分类整理的结果,所以建立完整的原始记录制度、准确及时的记录和整理是进行产品成本核算的基础。通过产品的成本核算达到降低生产成本、提高经济效益的目的,我们需要了解具体的成本核算方法。

(1)确定成本核算对象、指标和计算期单位。养猪场生产的终端产品是仔猪、种猪和瘦肉型商品猪,成本核算的指标是每千克或每头产品的成本资金总量,计算期有月、季度、半年、年等单位。现以100头基础母猪、本年度存栏变化很小(如变化较大应将增减的猪群消耗剔除,消除其影响)的小型猪场为例,将商品猪作为成本核算的对象,以元/千克、元/头为核算成本的指标,以年为计算期单位说明猪场成本核算的具体过程和方法。

（2）确定构成养猪场产品成本的项目。一般情况下将构成猪场产品成本核算的费用项目分为两大类，即固定费用项目和变动费用项目。变动费用项目是指那些随着猪场生产量的变化其费用大小也显著变化的费用项目，例如猪场的饲料费用；固定费用项目是指那些与猪场生产量的大小无关或关系很小的费用项目，其特点是一定规模的养猪场随着生产量的提高由固定费用形成的成本显著降低，从而降低生产总成本，这就是规模效应，降低固定费用是猪场提高经济效益的重要途径之一。

① 变动成本费用项目：饲料、药品、煤、汽油、电和低值易耗物品费。其中饲料包含饲料的买价、运杂费和饲料加工费等。

② 固定成本费用项目：饲养人员工资、奖金、福利费用，以及猪场直接管理人员费用、固定资产折旧和维修费。

3. 成本核算过程

变动成本中原材料采购成本的核算：

采购费用分配率＝采购费用总额/原料总买价×100%

原料采购成本：买价与采购费用分配率的乘积。

饲料产品加工费分配量＝加工费总额/加工总量

已消耗饲料产品的成本价：原料组成价÷损耗率+加工费分配量。

损耗率＝(原料消耗量-饲料成品量)/原料消耗量×100%

在饲料加工过程中，其饲料产品的原料价应按饲料配方的组成计算。

总饲养成本的核算：饲料变动成本、其他变动成本和固定成本之和。

通过以上核算，我们定量了产品中各种成本在总成本中的比例，同时得到了该年度生猪产品的总成本及单位产品的成本。如将每年或各季度的成本进行如此核算，并进行比较，我们会发现企业存在的问题及提高效益的潜力，这对降低成本将有巨大作用。

四、利润核算

利润的核算，可从利润额和利润率两个方面进行考核。利润额是指利润的绝对数量，它包括产品销售利润和总利润两个指标。

销售利润＝商品销售收入－生产成本－销售费用－税金

利润总额＝产品销售收入－生产成本－销售费用－税金±营业外收支净额

销售利润和利润总额只说明利润的多少，不能反映利润水平的高低，因此，考核利润时还要计算利润率。利润率包括成本利润率、产值利润率、资金利润率和投资利润率 4 个指标。

1. 成本利润率

是销售利润与销售的产品成本的比率。

$$成本利润率（\%）=\frac{销售利润}{销售产品成本}\times100$$

2. 产值利润率

是总利润与总产值的比率。它是用利润占产值的百分比来反映利润水平的高低。

$$产值利润率（\%）=\frac{总利润额}{总产值}\times100$$

3. 资金利润率

是总利润与占用资金总额的比率。占用资金总额包括固定资金与流动资金。

$$资金利润率（\%）=\frac{总利润额}{占用资金总额}\times100$$

4. 投资利润率

是企业全年利润额与基本建设投资总额的比率。通常以每万元投资所创造的利润来表示，是衡量投资经济效果的主要指标之一。

$$投资利润率（\%）=\frac{年利润额}{基本建设投资总额}\times100$$

五、报表统计分析

1. 猪场常用表格设计

猪场常用表格主要指计划表和记录表两大部分。生产计划是使养猪场有序生产的指南，所以必须编制配种分娩计划表，猪群周转计划表及肉猪出栏计划表。生产管理的主要依据是记录，完善生产中各种技术及管理的记录是提高养猪场管理水平和技术水平的保证。因此，必须搞好资料记录工作。主要包括：产仔报告表、猪群变动报告表、配种报告表、猪群称重表、转群报告表、猪死亡报告表、猪群变动月报表、猪群饲料消耗日报表、猪群防疫卫生月报表。

2. 填好各类报表进行统计分析并指导生产

规模养猪场需要填写生猪生产、死亡、销售，饲料原料的入出库，资金流动和固定资产投入、报废等报表，从各类报表数据中进行有效的统计分析，从中找出生产管理中的优势和漏洞，因为报表能有效反映猪场的生产管理情况，是规模养殖场不断提高管理水平的有效手段，对各类报表进行统计分析，是指导生产发展，提高猪场生产水平的重要依据。要搞好各种报表的填写和统计，就要求填写报表的人员要以对规模猪场高度负责的态度对待，为管理者提供最原始最真实的数据，最终找出有效的结论并采取有效的措施提高猪场的生产管理水平，使猪场利益最大化。

第五节　规模化养猪场的营销管理

一、制定产品策略

产品策略是营销活动的核心内容，是规模化养猪场营销管理策略的出发点。

规模化养猪与猪场经营管理

1. 产品的特性

明确自己产品的特性对市场营销非常重要，比如种猪产品包括三个层次：核心产品——指种猪有正常的繁殖力，能满足种猪使用者的需要；有形产品——包括种猪的质量、品种、特点，还有发展中的种猪品牌等；附加产品——主要指种猪场为种猪使用者提供的各种服务。种猪产品的整体概念，不仅指种猪本身，而且包括各种服务。

2. 产品因素

（1）质量策略。

使用者在选择购买哪一家猪场的产品时，首先考虑的是猪的质量。品质优良的猪对企业赢得信誉，树立形象，占领市场和增加收益，都具有决定性的意义，因此，规模猪场必须高度重视本场的猪质量问题，并将质量意识灌输于企业管理的每一个环节。定期评估本场猪的质量水平和优缺点；定期进行市场调查，倾听专家和客户的意见；了解国内外种猪的发展方向，及时掌握先进的育种技术；保证销售的猪质量长期稳定；让技术人员知道种猪使用者如何使用本场的种猪，了解使用效果，想方设法使本场的猪质量保持同行业的领先水平，用质量托起企业销售市场。条件较好的单位，可在企业内部逐步建立质量体系。

（2）服务策略。

当前，企业经营进入顾客满意经营年代，假设生猪供求平衡，质量、价格竞争已难分高低的状况中，养猪企业靠什么去获取竞争优势？

主要靠服务。特别是种猪企业，在向客户提供优质猪的同时，应伴以规范的全面服务，使客户得到最大的满足，进而成为猪场最忠实的和最长久的主顾，种猪企业应以"想方设法使养猪企业和养猪户盈利"为存身立世的根本理由。通过服务，消除客户的各种顾虑，维护产品在他们心目中的形象，提高本企业的信誉。养猪企业应制定企业服务理念，并将理念灌输到全体员工的思想和行动中去。完善服务机构，提供全面的服务项目，做好售前、售中、售后服务。售前服务——为新建猪场提供规划、设计服务，提供生产人员的生产技术培训；售中服务——为用户提供优质猪，解决运输问题，提供少量本场饲料，避免猪到目的地后因饲料改变而应激；售后服务——实行质量保证承诺，对售出的猪的使用情况进行跟踪，对其出售的种猪质量给予保证，如果所售出的种公猪在正常管理条件下不能配种，经鉴定后，种猪场应以商品猪价格提供优良公猪给予补偿，为用户提供管理和技术咨询，解决生产上出现的一些问题，帮助种猪使用者养好种猪，并向用户推荐使用效果较好的养猪用品，如饲料、消毒药、设备等。

（3）品牌策略。

品牌对于中国养猪企业来说仍处于起步阶段。但作为规模猪场来说，品牌的作用绝不能低估。事实证明，品牌可以帮助养猪企业占领市场、扩大产品销售。在市场竞争中，品牌作为产品甚至企业的代号而成为销售竞争的工具，在使用者中影响大，为他们所熟悉、所接受的品牌就销售得快。

种猪品牌就是种猪的牌子，它包含种猪品牌的名称、标志、商标等概念在内。与品牌密切相关的 CIS，即企业及其产品的统一识别标志，如 PIC、大观山牌（杭州种猪试验场）、BSP（广东白石猪场），对强化企业形象、提高企业的整体知名度有着重要意义。

（4）新产品的开发。

猪场应投入大量的资金和精力通过科学的选育种技术，坚持不懈地进行品种的改良，提高各品种猪各个世代的性能，不断探索最佳的品种组合，提高猪的各个经济指标。养猪企业要达到"生产第一代，掌握第二代，研究第三代，构思第四代"，才能使本企业的产品质量处于领先水平。

二、合理制定价格

定价首先必须按企业的战略目标来制定。如果猪场已选定目标市场，并进行市场定位，定价策略主要由早先的市场策略来决定，一般养猪生产企业应根据猪品种、质量、市场受欢迎程度、生产成本、地区性、级别、竞争对手价格来决定猪的价格，但猪价格有时还受政府行政干预的影响。在北美和欧洲，基本上是遵循 2-4-8 法则，即 F1 母猪的价格应该是商品育肥猪的 2 倍，纯种猪的价格是商品猪的 4 倍，而核心群所需种猪价格一般是商品猪的 8 倍。

生猪市场行情的好坏直接影响到养猪户的经济效益，特别是对规模养猪场的影响更为明显，如果规模养猪场场主能及时了解和掌握生猪市场行情，做到生猪的适时出栏，在价格低迷时及时调整上市猪的体重，可以采取提前出栏，减少因价格低带来的损失。在仔猪市场行情好的情况下可以考虑销售仔猪，如果猪价行情差，苗猪价格低落，则可肥猪出售。调整生产的另一方面要考虑到消费者的消费习惯，在猪的品种选择上应选择符合消费习惯的品种，才能有效保证猪只的顺利销售。

三、选好销售渠道

在猪的销售领域存在两种截然不同的销售渠道，主要分为直接销售渠道和间接销售渠道。

1. 直接销售渠道

生产者与收购者直接进行当面交易，不经过任何中间环节，减少中间环节的费用支出，有利于提高养猪生产经营者的经济效益。养猪生产者自宰自销也属于这种销售渠道，特别是目前正在形成中的养猪集团产、供、销一体化，对发展养猪生产有促进作用。

2. 间接销售渠道

主要有养猪生产者的肉猪通过屠宰个体户、中间商进入市场或经过外贸部门进入国际市场几种形式。这种多渠道的流通体制，在促进猪的流通，活跃繁荣市场和方便消费者等方面起到了良好作用。但由于国家宏观调控市场机制还不够健全，目前也存在一些问题，如市场供需失衡和猪肉价格时涨时落，猪肉的卫生检验等，这些都是发展过程中的问题，有待进一步完善。

四、制定促销策略

促销活动提高养猪企业的知名度，影响市场，但促销第一步是推销自己，将自己的诚意奉献给对方，第二步是推销企业，将企业的形象展示给对方，取得客户的信任后，才推销猪。促销策略可分为人员推销、产品广告、营业推广、企业形象等。

1. 人员推销

每一个成功的种猪企业背后，都有一批成功的推销员，企业除了组建一支以最新先进科技知识和强烈市场竞争观念武装起来的育种技术队伍，更重要的是必须组建一支以最新、先进市场营销策略观念和熟悉养猪生产技术等专业知识武装起来的市场营销队伍。优秀的推销员应热爱本企业，具有强烈的事业心和责任感，保守本企业的秘密，能刻苦耐劳、勤奋工作；具有丰富的知识；明确本场猪的质量、性能以及哪些方面优于竞争者生产的猪；熟悉本企业各类顾客的情况，深入了解竞争对手的策略和近来动向；善于从种猪使用者的角度考虑问题，使顾客理解你的诚意；具备端庄的仪表和良好的风度。

推销人员的管理：企业对推销人员提供必要的支持，定期的相关技术培训，及时配套的广告宣传、灵活的价格政策，畅通的渠道和必需的后勤服务，推销人员的报酬应因人而异、多劳多得，可规定推销定额，实行超额奖励制度，调动销售人员的积极性。

寻找客户技巧：通过各地农牧主管部门和养猪行业协会提供信息，从电话号码本和各种广告、工商目录寻找目标猪场；利用现有的客户介绍新客户的办法；在特定范围内发展一批"中心人物"（在畜牧行业中有影响的专家和有关人员）并在他们协助下，把在范围内的准目标顾客找出来；采用纵横联合的战术，与有共同目标的非同行业单位（如饲料、动物保健的行业）携手合作，共享目标顾客。

2. 产品广告

在竞争激烈的生猪市场上开拓发展，广告是沟通企业及其产品与客户的桥梁。由于猪产品较为专业化，农产品的产值和利润不高，广告价昂贵的电视等媒体暂时不适合养猪企业选择。一般来说，养猪企业的广告活动应在本企业支付能力范围内选择专业性强，在本行业内影响面大、范围广的杂志、报刊刊登广告；印刷广告材料，通过邮寄、专业会议派发等形式进行宣传，能取得较好的效果。广告内容要有创意，力求吸引住顾客的注意，并留下深刻的印象。通过广告宣传，把种猪各品种的性能质量、价格、购买地点和各项服务等信息及时传递给用户，争取更多的购买者，提高市场的占有率。

开展广告活动要注意以下3点。

（1）广告时机的选择。

① 种猪销售有一定的季节性，夏天引种不利于运输，冬天引种不利于防疫，因此，在秋季和春季来临之前，是发动广告攻势的最佳时机；②从外国引进种猪时和新品系育成前便进行广告宣传。

（2）广告区域和范围的选择。

一般选择养猪企业和专业户相对较为集中的地区。

（3）广告的真实性。

广告宣传的内容必须和事实相符，否则迟早会造成不良效果，知名度虽然提高了，但企业形象和美誉度却遭到破坏，效果相反。

3. 营业推广

种猪营业推广是种猪促销活动的一支"利箭"，是对人员推销、产品广告的一种补充手段，通常通过畜牧业展销会、交易会、种猪拍卖会、技术研讨会，以及有奖销售、赠送新育成的优良种猪、赠送有宣传效能的纪念品，对顾客和中间商购货折扣，采用欲擒故纵和放长线钓大鱼等销售推广技巧，宣传本企业的产品，展示新引进或新育成的品种，通过营业推广结识更多的朋友，获取所需的信息，吸引客户前来购买，有利于扩大销售。

4. 企业形象宣传（公共关系）

企业形象是企业的一种无形资产，养猪企业要想在市场竞争中处于有利地位，就需要从更长远的意义上来考虑自己的营销活动，塑造良好的企业形象、树立客户的信心，为猪场将来创造良好的营销环境，对猪场的长期销售有明显的促进作用。

　　不断提高产品质量和新技术含量，建立良好的产品形象；通过狠抓经营管理，取得成效，被评为各级或同行业的先进单位、重合同、守信用和文明单位等，提高企业的知名度、美誉度；撰写专业文章和通过学术交流影响目标市场，提高企业知名度；建立企业统一标识体系，在行业公众心目中创造独特的企业形象和较高的认知率，定立企业理念，加深客户印象。

　　参与、赞助各种社会和部门的公益活动；协调好与政府的关系，创造良好的营销环境。养猪生产企业要和政府部门保持良好的关系，以求得到政府各部门的大力支持和扶持，充分利用各种有利因素，创造企业良好的外部环境，抓住时机，促进营销策略的顺利实施。

参考文献

［1］ 孙银. 规模化养猪技术［M］. 北京：中国农业出版社，2015.

［2］ 曾昭芙. 现代养猪生产实用技术［M］. 南昌：江西科学技术出版社，2016.

［3］ 宁金友. 畜禽营养与饲料［M］. 北京：中国农业出版社，2001.

［4］ 中央农业广播电视学校. 农户规模养猪与猪场经营［M］. 北京：中国农业出版社，2015.

［5］ 朱杰. 养猪与猪病防治［M］. 昆明：云南科技出版社，2015.

［6］ 梁永红. 实用养猪大全［M］. 郑州：河南科学技术出版社，2008.

［7］ 卫书杰，李艳蒲，王会灵. 畜禽养殖与疾病防治［M］. 北京：中国林业出版社，2016.

［8］ 闫益波. 轻松学养猪［M］. 北京：中国农业科学技术出版社，2014.